各界對於五十川老師
系列書籍一致好評

「五十川老師的著作是我所有藏書中最有用的。」

—BRICKSET

THE LEGO MINDSTORMS EV3 IDEA BOOK:
《樂高機器人創意寶典：181 種絕妙新組合》

「Lego Mindstorms 的全新創作方式… 這些啟發性的設計能讓我不斷玩下去，但我想要留一些讓你親自體驗看看。」

—GEEKMOM

THE LEGO TECHNIC SERIES:
《樂高創意寶典：車輛與酷玩意篇》

「這套書真是製作各種機構的絕妙寶典。」

—JOE MENO, BRICKJOURNAL

「我要鄭重強調，任何想挑戰自我的 Lego 玩家都不應該錯過本系列叢書。」

—BRICKS IN MY POCKET

「超多樂高機構的巧思。就算您已經是老手，這套書裡一定有您從未見過的好點子。」

—BILL WARD, Brickpile

「只要是喜歡樂高、想用樂高來製作原型裝置或喜歡各種機械機構，這套書絕對值得收藏，我真的不知道沒有這套書的日子是怎麼過來的。」

—LENORE EDMAN, EVIL MAD SCIENTIST LABORATORIES

樂高
機器人創意寶典

The LEGO MINDSTORMS ROBOT Inventor Idea Book:
128 Simple Machines and Clever Contraptions

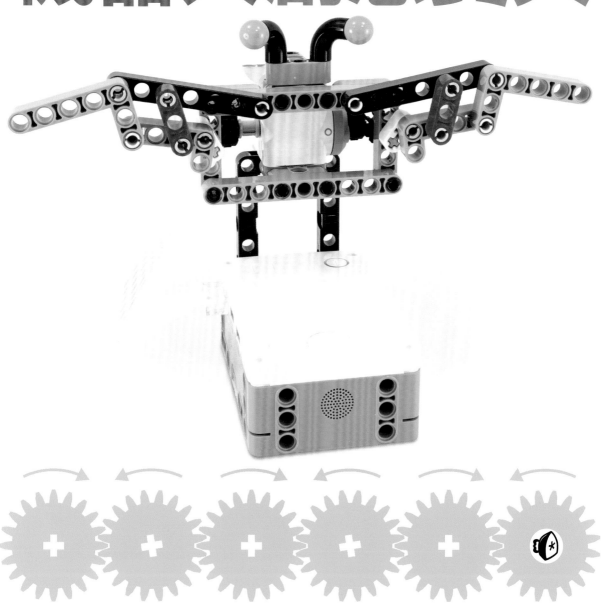

譯者序

很榮幸，這已經是我第四次翻譯五十川老師的著作，五十川老師老師啟發了我對於機器人與機構的熱愛。CAVEDU 教育團隊最早從五十川老師的虎之卷（LEGO Technic 虎の卷）中獲得了許多運用樂高零件的創新想法。每每都有「原來還可以這樣啊！」的驚嘆。

五十川老師作品的特色就在於把特殊零件的需求降到了最低，以「極簡易用」為最高原則來做到各種令人目不轉睛的趣味效果。本書搭配樂高 MindStorms Robot Inventor 套件所呈現出的這麼多變化，再怎樣也要在書架上留一個位置出來吧？

很高興曾在 2015 年邀請老師來台灣舉辦了一系列工作坊，過程當中深刻感受到老師在堅持專業的同時，更保有一顆不設限的童心。相信無論大小朋友、新手或專家都能從五十川老師的書籍中找到那一道創作的光。

曾吉弘博士
www.cavedu.com
CAVEDU 教育團隊創辦人 / 熱愛玩玩具的創作者

目錄

第 1 篇　簡單機構

第 2 篇　可動機構

第 3 篇　實用的機構

第 4 篇　感測器

第 5 篇　更多好玩的機構

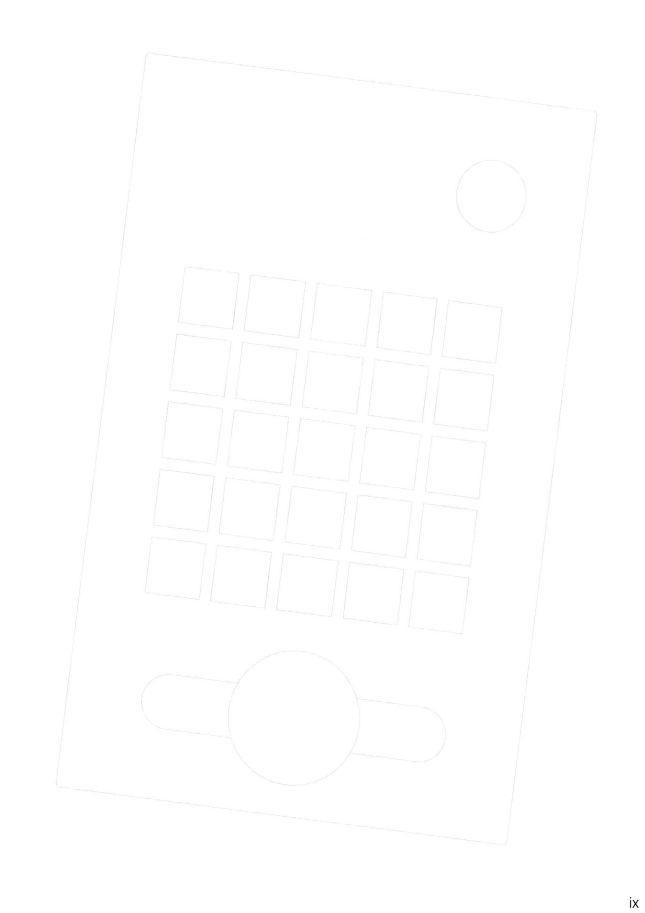

本書簡介

擁有一組 LEGO MINDSTORMS Robot Inventor 套件與對應的 app，你就能亨受製作機器人的有趣過程，並從中學到很多東西。如果你已經玩過其中的基本作品的話，應該也想知道如何從這款套件中獲得更多樂趣吧！本書就是要幫你完成這個夢想。從本書學到的經驗可以讓你的想像力與創造力起飛！

您 需 要 一 組 LEGO MINDSTORMS Robot Inventor 套 件（#51515），以 及 一 台 可 執 行 LEGO MINDSTORMS app 的平板電腦或智慧型手機來完成本書中的作品。

如何使用本書

本書沒有一步步的組裝流程。但是您可以看到各個作品的不同角度照片以及會用到的零件清單。仔細觀察這些照片來完成作品。這樣的組裝方式好像在拼拼圖。如果還不熟悉這種組裝方式的話，先參考下一頁的內容來暖身。

這些作品不用照著順序做。請隨意翻翻本書，把您最感興趣的那個做出來。本書整理了許多作品，前半本是比較簡單的，後半本就會看到更複雜的作品。

本書作品採用極簡設計理念，好讓你能輕鬆完成並理解其運作方式。但他們只是起點而已。我希望你可以發揮創意讓這些作品更棒又更酷。覺得哪個東西太脆弱的話，試著加強看看。如果發現了某個機構的新用途，更要試試看。這些經驗會讓你變成更厲害的創作者。

隨著做出了更多東西、不斷修改，不妨試著加入不同的機構來完成更複雜的機器人。如果你還有其他樂高套件的話，把它們與 Robot Inventor 套件組合起來也是很好玩的。最終的成果就是專屬於你的原創模型，全世界絕無僅有！身為本書作者，我希望各位都能展現創意來做出獨一無二的模型，讓這些作品帶給世界上的人更多歡樂。

注意事項

- LEGO MINDSTORMS Robot Inventor 套件馬達的扭力很大。請注意不要去摸轉動中的齒輪，否則手指可能會受傷。

- 有些模型用到高速旋轉的零件。請務必小心，別讓這些零件去打到你的眼睛。

- 本書中有些畫圖用的模型會用到麥克筆。可以的話，請使用水性麥克筆，因為油性麥克筆會腐蝕桌面或地板。

- 本書中的程式是以寫作當時最新的 app 來編寫。根據你所使用的 app 版本（或你所用的平板電腦或智慧型手機型號），畫面可能會有些許不同。

延伸閱讀

如果你剛接觸 LEGO MINDSTORMS Robot Inventor 套件的話，請參考 Daniele Benedettelli 的《The LEGO MINDSTORMS Robot Inventor Activity Book》（No Starch Press, 2021）。

致謝

本書使用了 LDraw 零件庫與 LPub 應用程式來繪製書中的各種插圖，在此向這些好用軟體的開發團隊致謝。

暖身

本書沒有一步步的組裝流程。反之,您會看到作品的不同角度照片,試試看就這樣把它做出來。這樣的組裝方式就好像在拼拼圖。您很快就會習慣這樣的作法並樂在其中!先來練習一下吧!

#1

這個數字代表作品編號

這個作品要用到的所有零件都會列在這裡。從手邊的零件找到它們,開始動手吧!

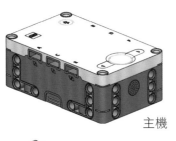

主機

馬達

5

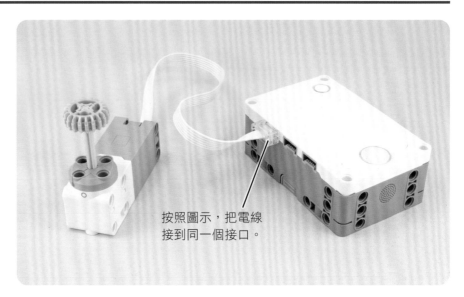

按照圖示,把電線接到同一個接口。

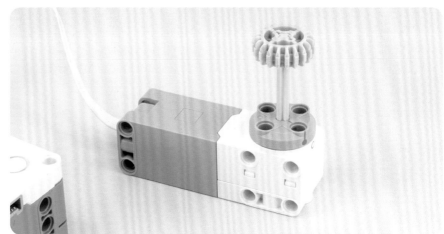

準備好零件之後,請根據書中的照片把各個模型做出來。想要更快完成的話,可以把你的作品擺得和照片中一樣的位置與角度,就可以邊做邊比對了。

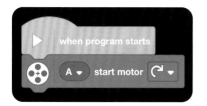

這個程式可以讓模型動起來。請根據以下步驟來編寫一個新的程式。

這個小圖案代表提示,提供製作模型或寫程式的另一種方法。運用這些提示,試著做出獨特又有趣的作品。請注意提示中所用到的零件並未列在各專題的零件清單中。

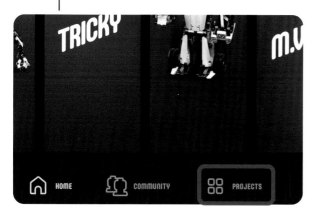

請注意,畫面可能根據程式版本而有所不同。

如果主機與你的平板電腦 / 智慧型手機尚未連線的話,請由此來建立連線。

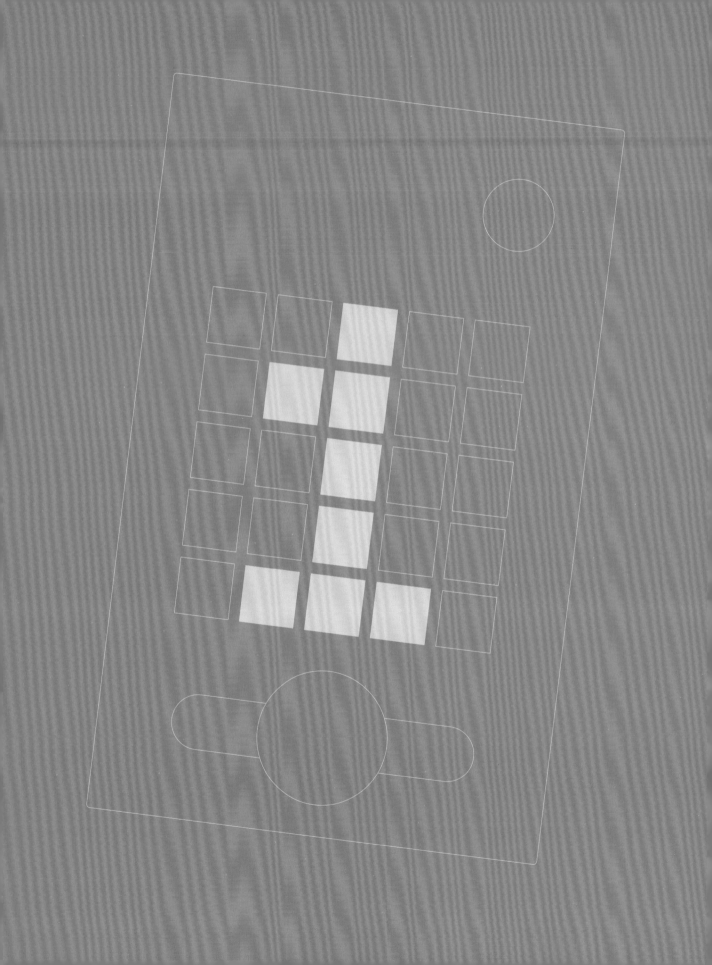

第1篇
簡單機構

馬達轉動

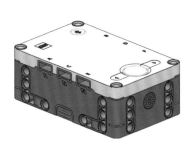

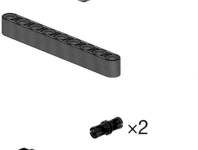

×2

9

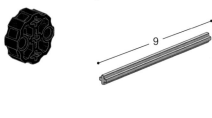

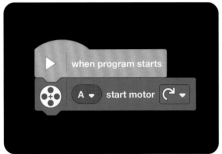

▶ when program starts

A ▾ start motor

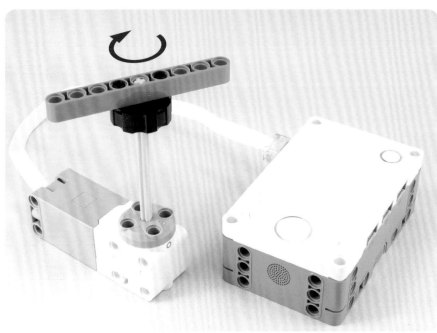

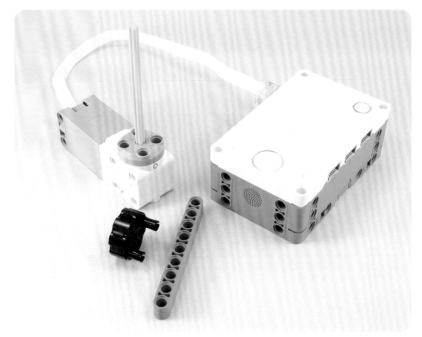

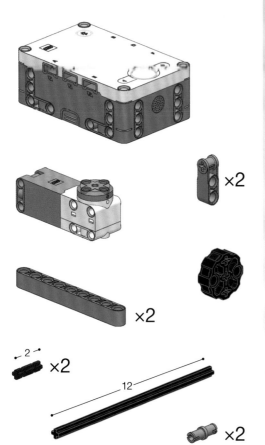

×2

×2

2

×2

12

×2

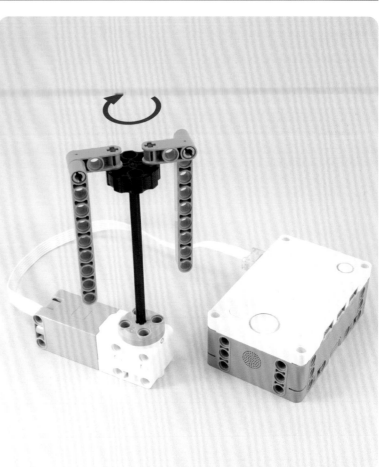

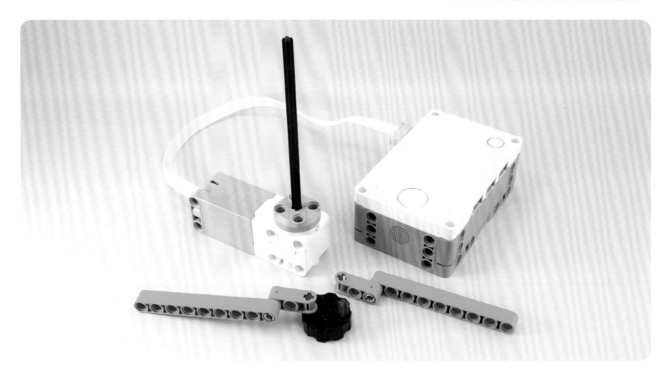

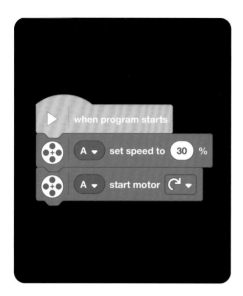

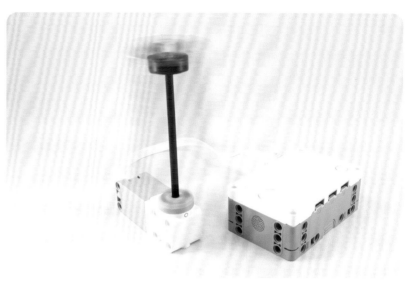

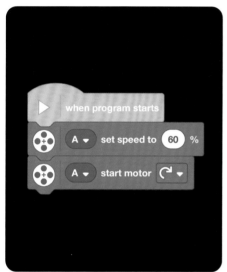

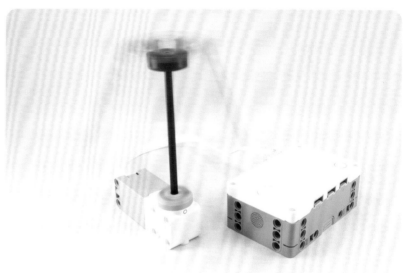

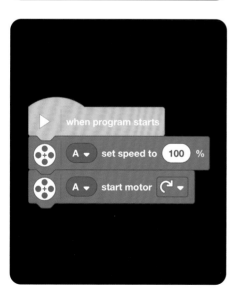

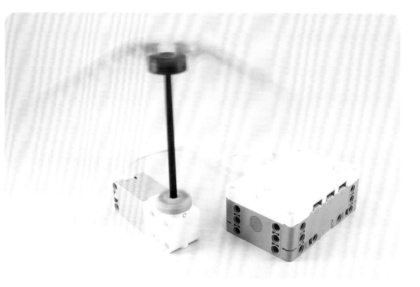

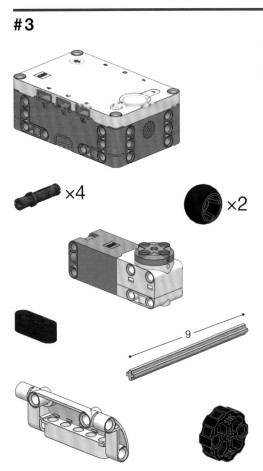

×4

×2

9

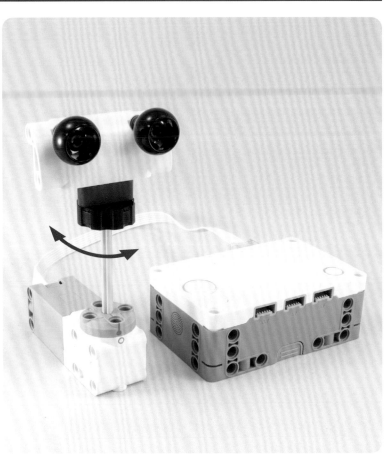

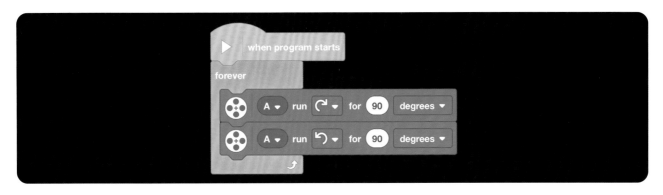

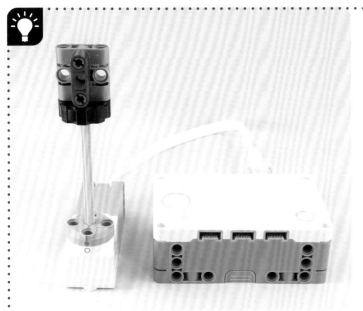

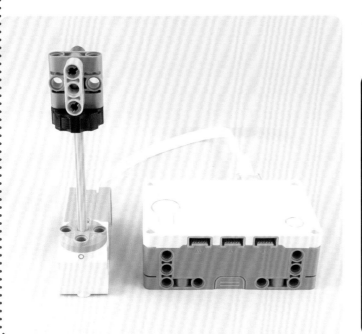

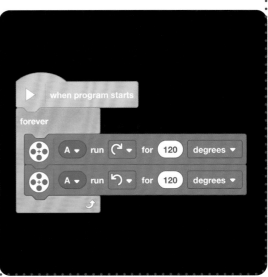

#4

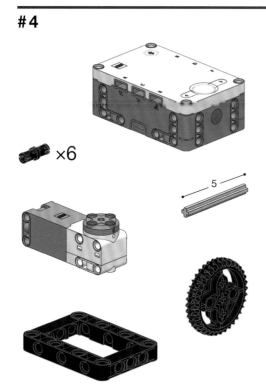

×6

5

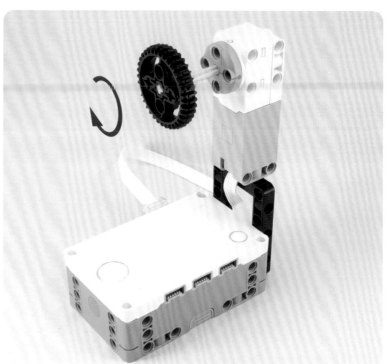

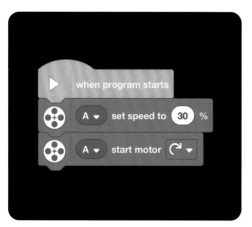

when program starts

A ▾ set speed to 30 %

A ▾ start motor ↻ ▾

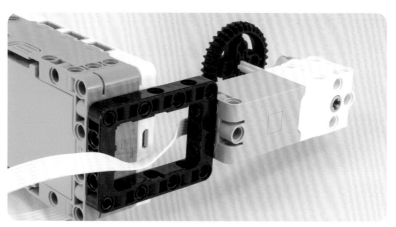

8

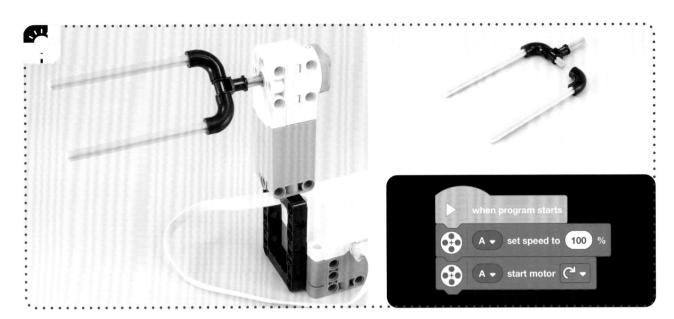

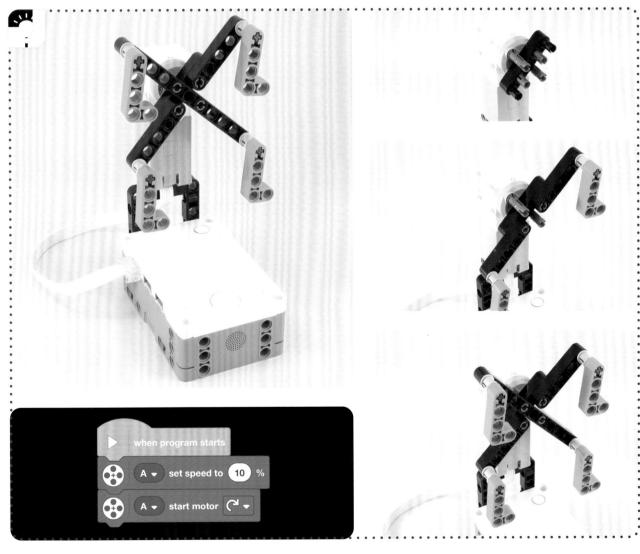

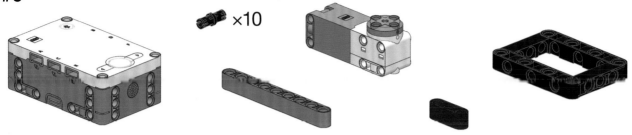

×10

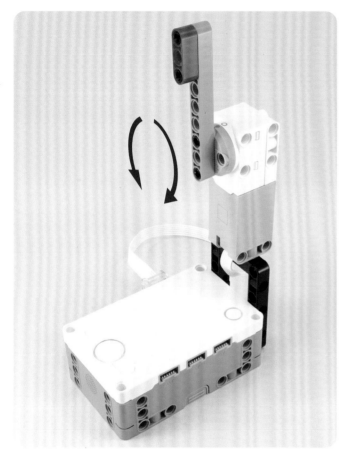

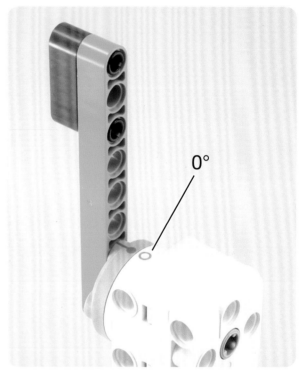

0°

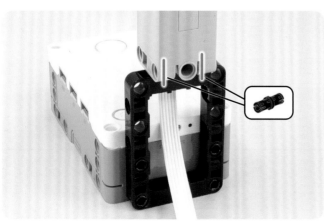

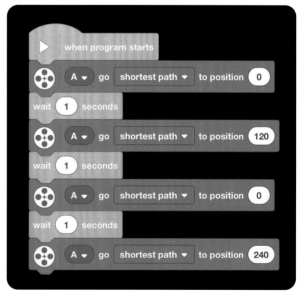

when program starts

A ▾ go shortest path ▾ to position 0

wait 1 seconds

A ▾ go shortest path ▾ to position 120

wait 1 seconds

A ▾ go shortest path ▾ to position 0

wait 1 seconds

A ▾ go shortest path ▾ to position 240

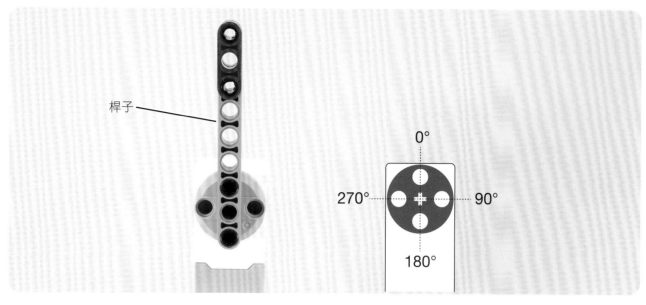

桿子

0°

270° ··········· 90°

180°

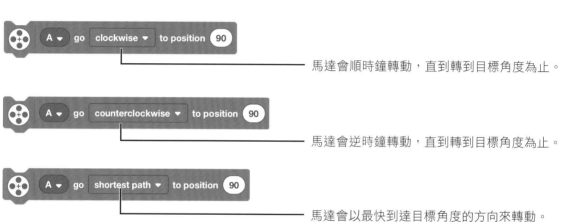

A ▼ go clockwise ▼ to position 90
————— 馬達會順時鐘轉動，直到轉到目標角度為止。

A ▼ go counterclockwise ▼ to position 90
————— 馬達會逆時鐘轉動，直到轉到目標角度為止。

A ▼ go shortest path ▼ to position 90
————— 馬達會以最快到達目標角度的方向來轉動。

馬達會讓桿子隨意移動。

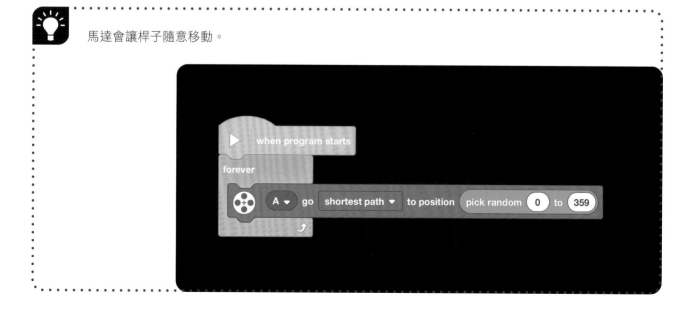

透過齒輪來轉動

#6

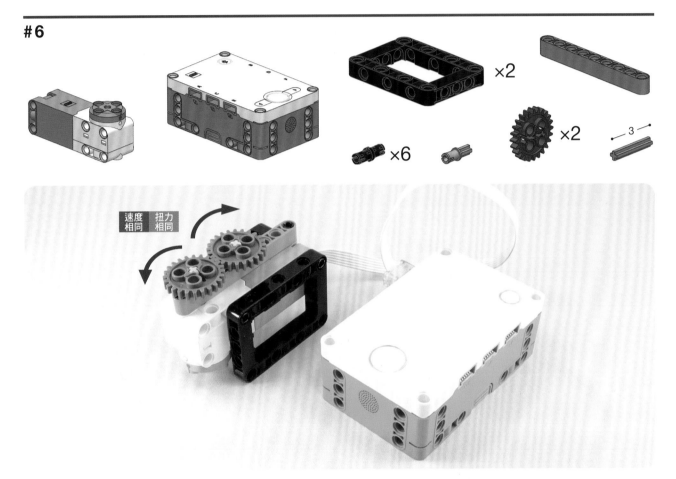

速度 扭力
相同 相同

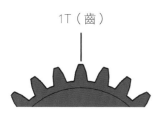

1T（齒）

8T（齒）

12T（齒）

20T（齒）

24T（齒）

36T（齒）

24 ▶ 24

當驅動輪轉一圈時，
就會帶動 24 個齒。

當從動輪被帶動 24 齒時，剛好轉了一圈。
不過轉動方向是彼此相反的。

| 速度相同 | 扭力相同 |

當轉速不變時，從動輪的
扭力會與驅動輪一樣。

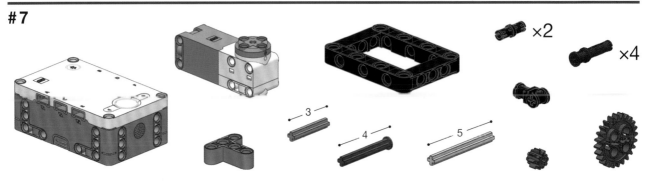

7

3 4 5 ×2 ×4

速度 扭力
變快 變小

3:1 (24:8)

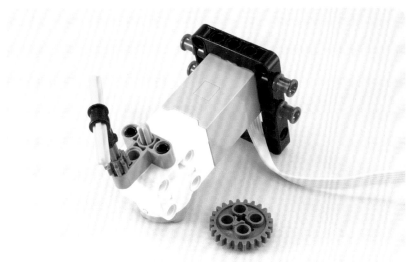

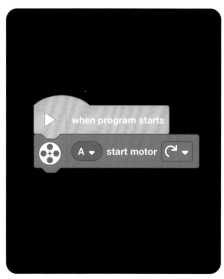

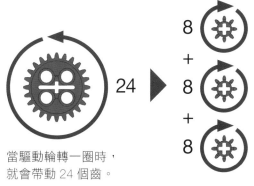

24 ▶

8
+
8
+
8

當驅動輪轉一圈時,
就會帶動 24 個齒。

從動輪轉一圈等於帶動 8 個齒。因此
當它被帶動 24 齒時,已經轉三圈了。

速度 扭力
變快 變小

當轉速增加時,從動輪的扭力會比
驅動輪來得更低。以本模型來說,
轉速增加為原本的 3 倍,因此扭力
也降低為原本的 1/3。

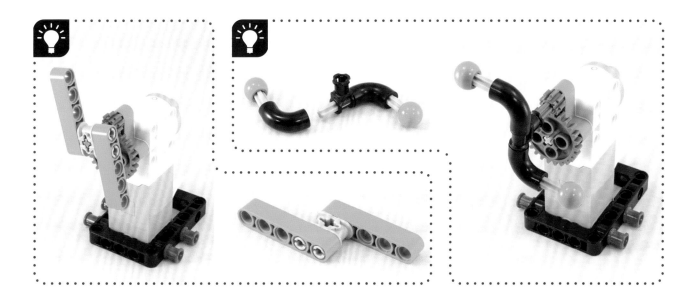

#8

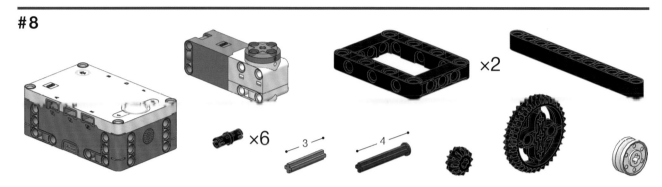

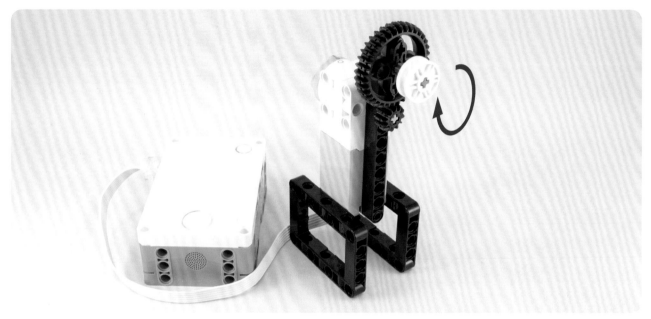

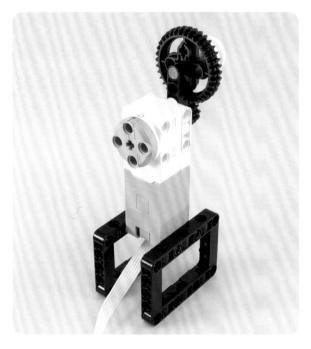

速度
變慢 扭力
變大
1:3 (12:36)

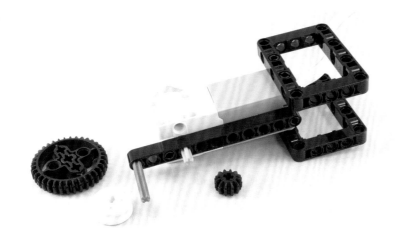

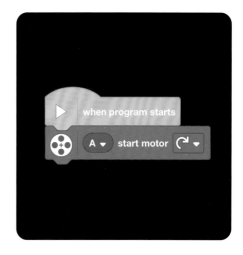

12 ▶ 12

當驅動輪轉一圈時，
就會帶動 12 個齒。

因為從動輪有 36 齒，所以
它被帶動 12 個齒時，才轉
動 1/3 圈而已。

速度 扭力
變慢 變大

當轉速降低時，從動輪的扭力會
比驅動輪來得更高。以本模型來
說，轉速降低為原本的 1/3，因
此扭力也增加為原本的 3 倍。

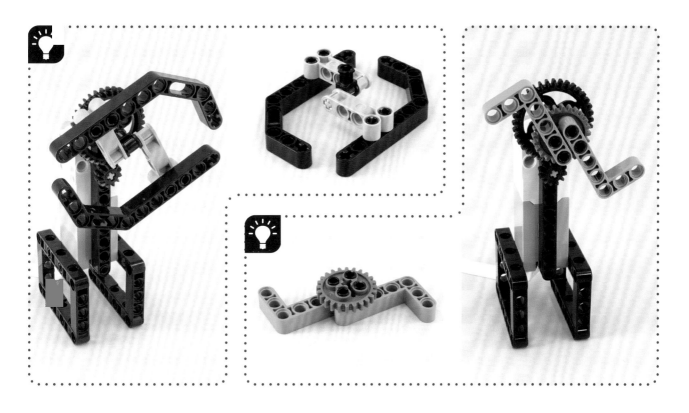

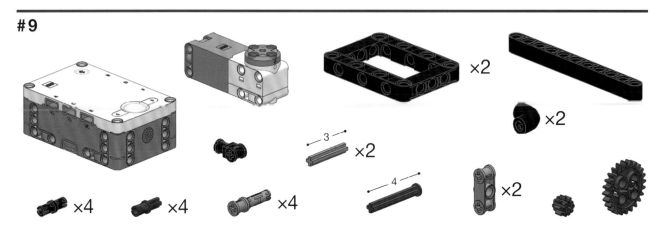

9

×2 ×2

3 ×2 4 ×2

×4 ×4 ×4

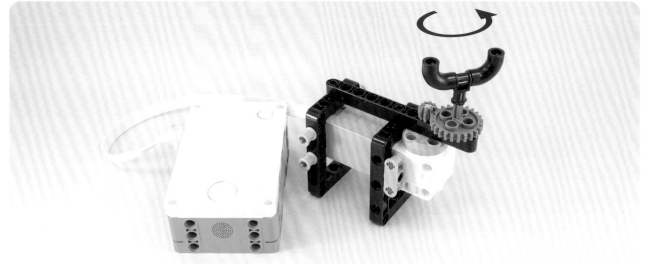

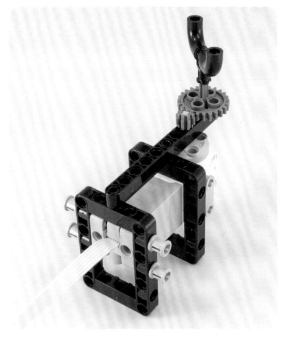

3

速度
變慢 　扭力
　　　變大

1:3 (8:24)

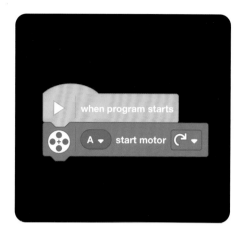

速度
變慢 　扭力
　　　變大

3:5 (12:20)

速度
變快 扭力
　　 變小

5:3 (20:12)

速度
變快 扭力
　　 變小

3:1 (36:12)

#10

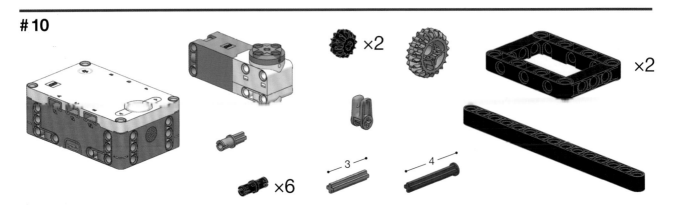

×2   ×2

×6   — 3   — 4

速度   扭力
相同   相同

1:1 (12:~~20~~:12)

兩個齒輪中間的齒輪會以相同齒數來
帶動相鄰的齒輪，因此速度與扭力都
不變。不過轉動方向是彼此相反的。

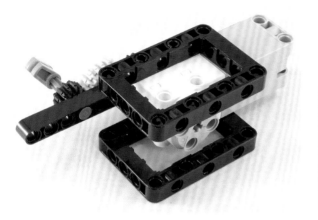

速度
變慢　扭力
變大

5:9 (20:~~12~~:36)

速度
變慢　扭力
變大

1:3 (8:~~24~~8:24)

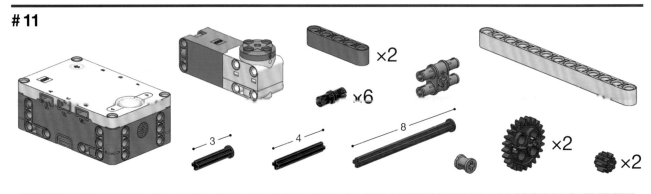

×2

×6

3

4

8

×2

×2

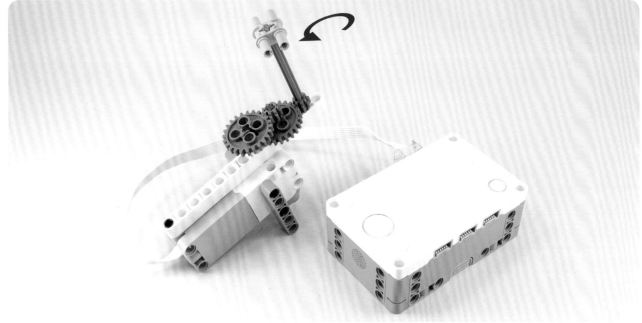

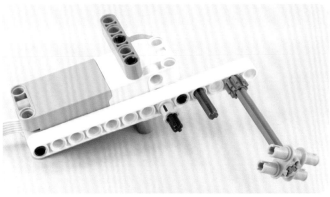

when program starts

A ▼ start motor ↻ ▼

速度 扭力
變快 變小

9:1 ([3:1] × [3:1])

3:1 (24:8)

3:1 (24:8)

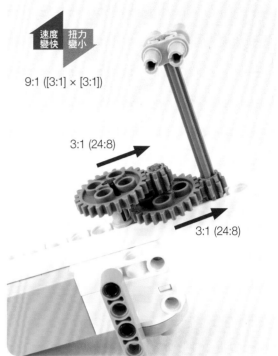

3:1 (36:12)

5:3 (20:12)

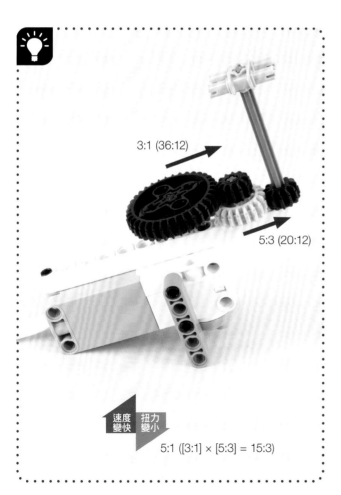

速度 扭力
變快 變小

5:1 ([3:1] × [5:3] = 15:3)

1:3 (8:24)

1:3 (12:36)

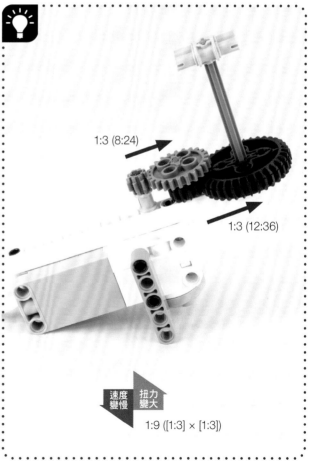

速度 扭力
變慢 變大

1:9 ([1:3] × [1:3])

讓轉動方向轉 90 度

 # 12

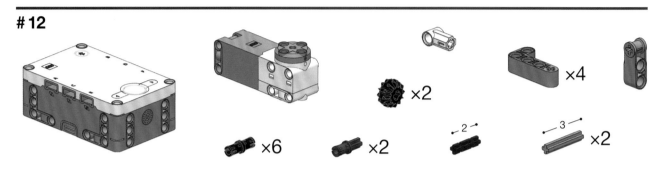

×2

×6 ×2

×4

×2

×2

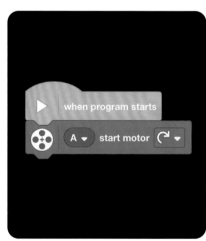

when program starts

A ▾ start motor

24

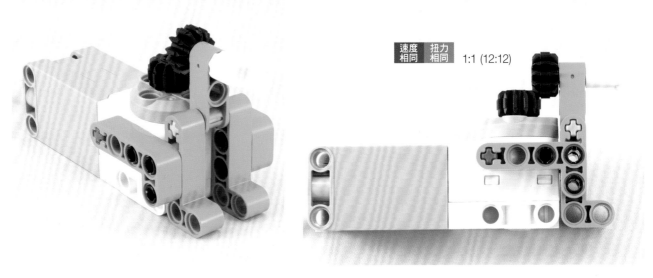

速度 扭力
相同 相同　1:1 (12:12)

速度 扭力
變慢 變大
3:5 (12:20)

速度 扭力
變快 變小
5:3 (20:12)

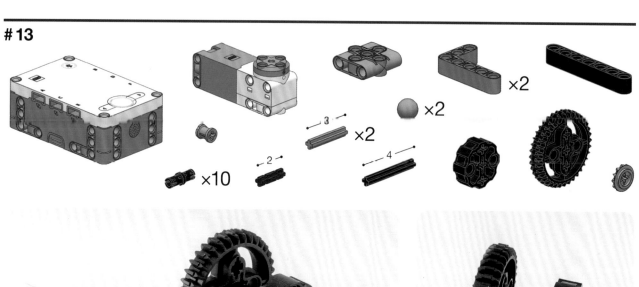

×10 ×2 3 ×2 2 4 ×2

速度
變慢 扭力
變大

1:3 (12:36)

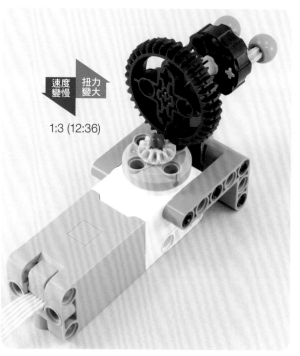

when program starts

A ▾ start motor ↻ ▾

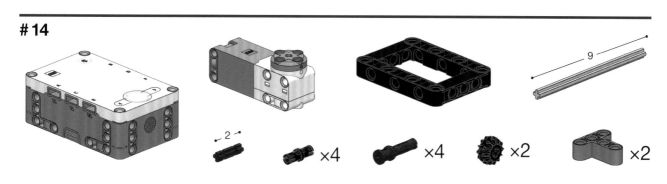

×2 ×4 ×4 ×2 ×2

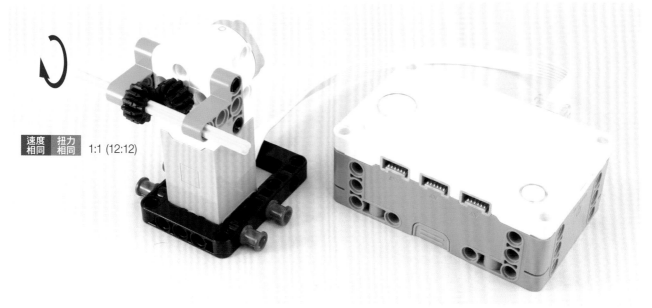

速度 扭力
相同 相同　1:1 (12:12)

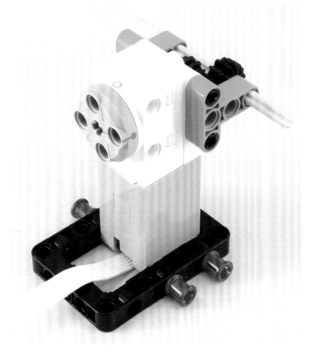

when program starts

A ▼ start motor ↻ ▼

擺動式機構

#15

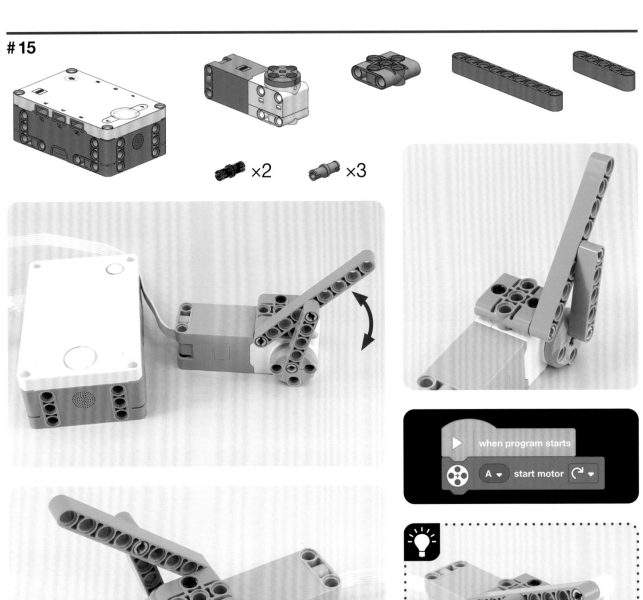

×2　×3

when program starts

A ▾　start motor ⟳ ▾

#16

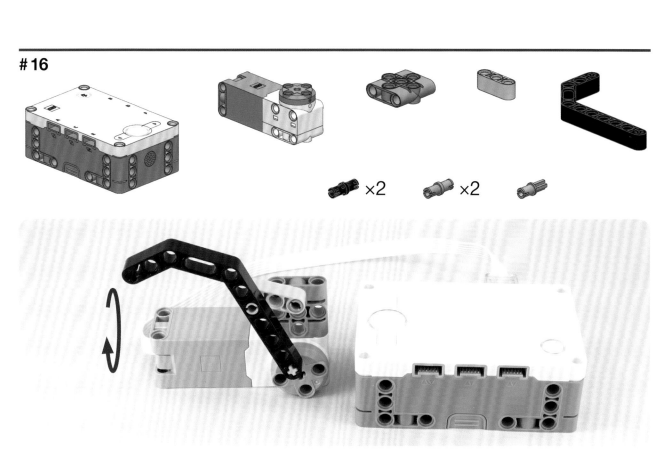

×2 ×2

when program starts

A ▾ start motor ↻ ▾

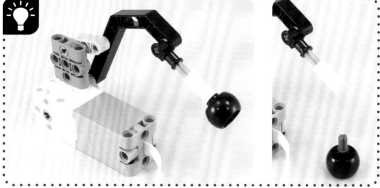

#17

×2

×4

×2

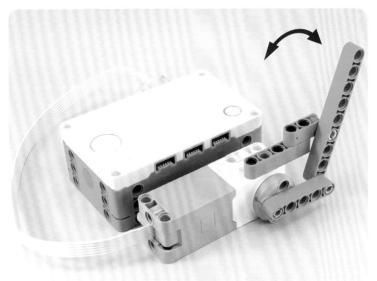

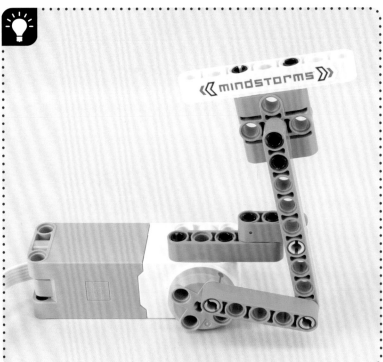

#18

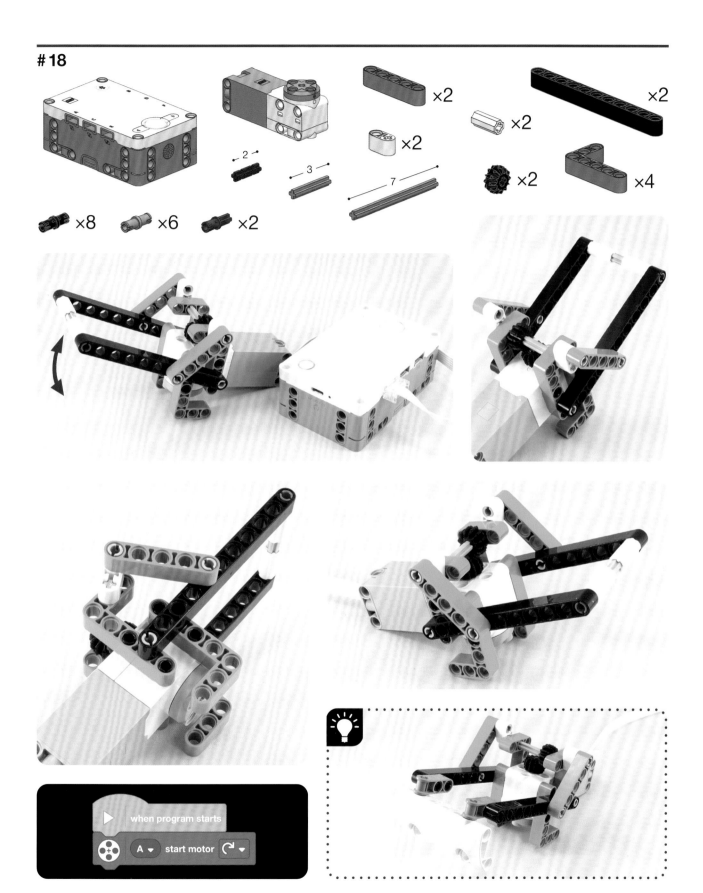

×2

×2

×2

×2

×2

×2

2

3

7

×2

×4

×8 ×6 ×2

when program starts

A ▾ start motor ↻ ▾

 ×2
 ×10

 ×2
 ×2
4

5

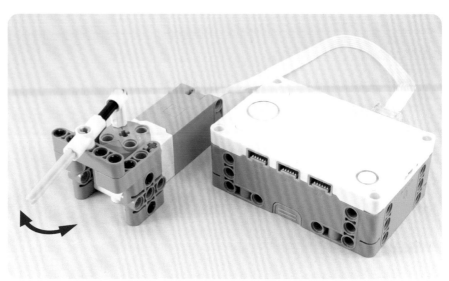

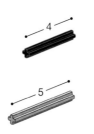

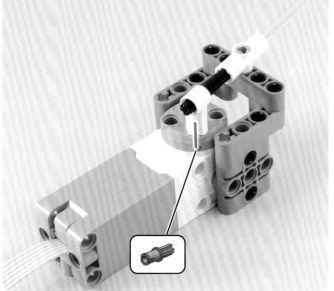

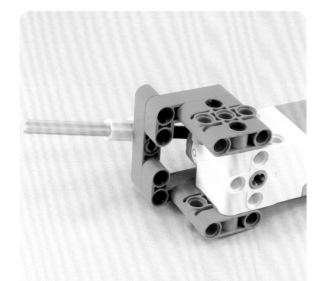

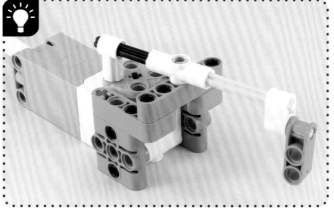

when program starts

A ▾ start motor ↻ ▾

#20

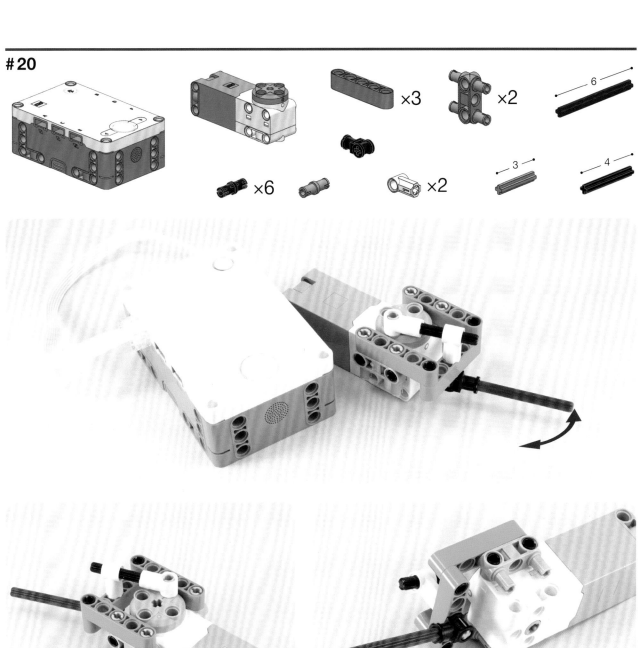

×3 ×2 6

×6 3 4

×2

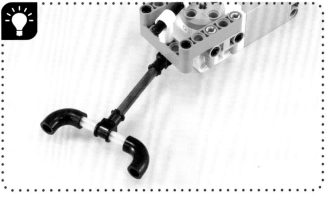

when program starts

A ▾ start motor ↻ ▾

往復式機構

#21

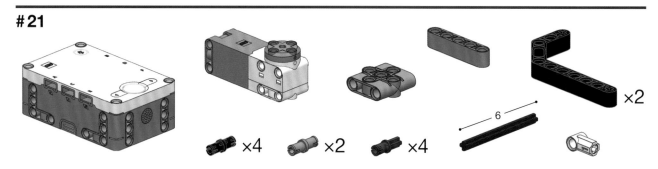

×4　×2　×4　6　×2

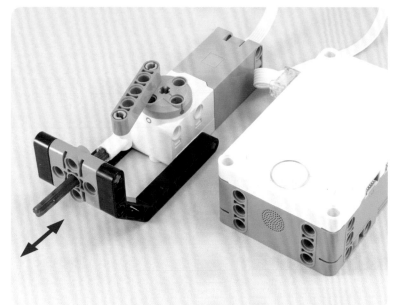

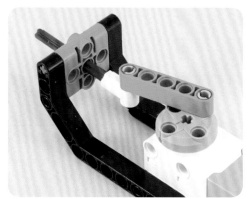

when program starts

A ▾　start motor ↻ ▾

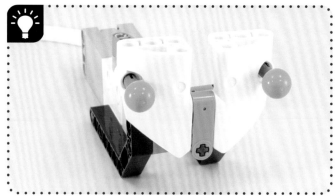

#22

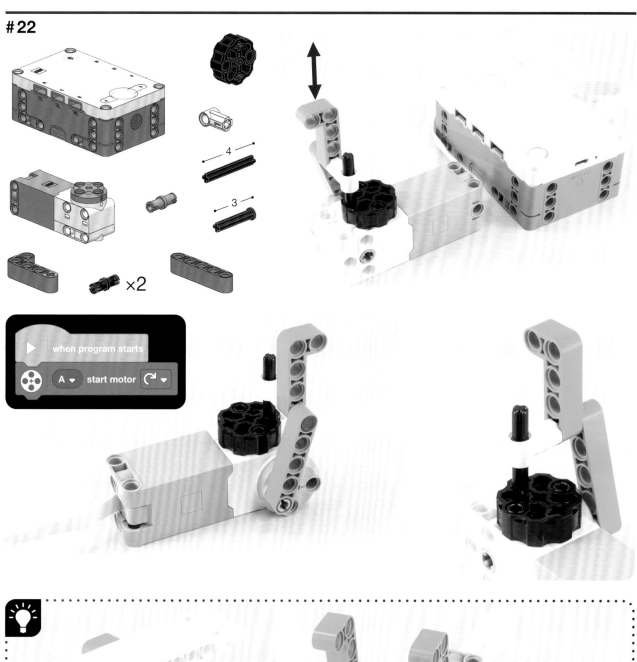

when program starts

A ▾ start motor ↻ ▾

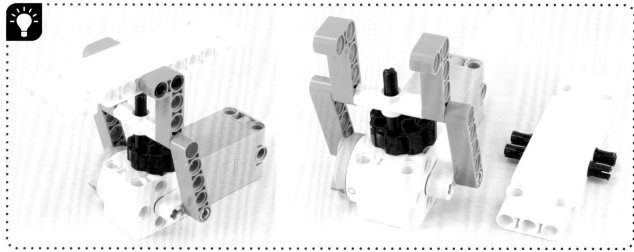

 ×2

 ×6  ×2

4 ×2

5

×2

×2

when program starts

A ▾ start motor ↻ ▾

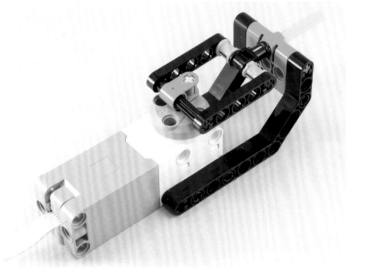

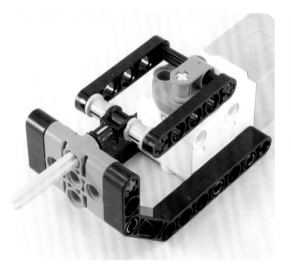

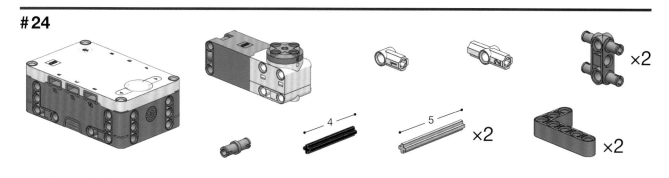

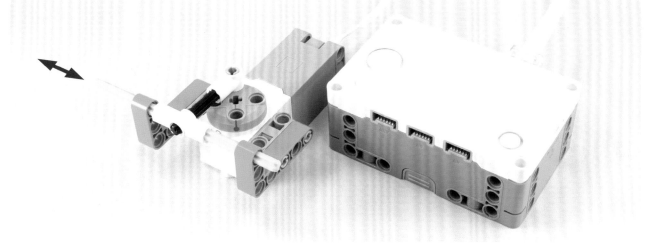

25

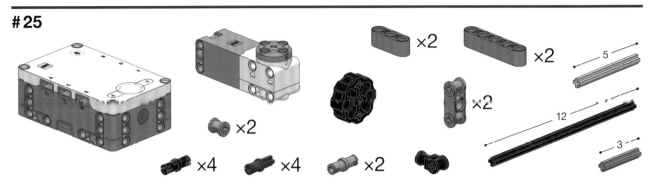

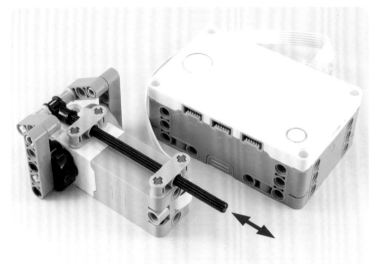

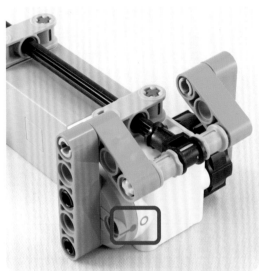

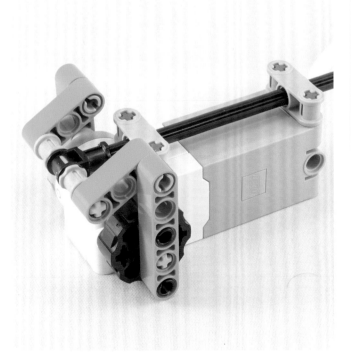

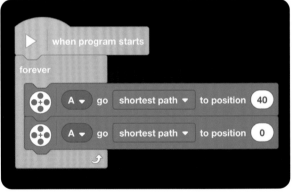

```
▶  when program starts
forever
  ⊕  A ▾  go  shortest path ▾  to position  40
  ⊕  A ▾  go  shortest path ▾  to position  0
  ↩
```

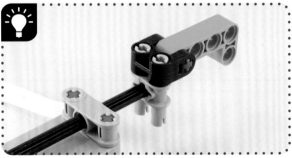

#26

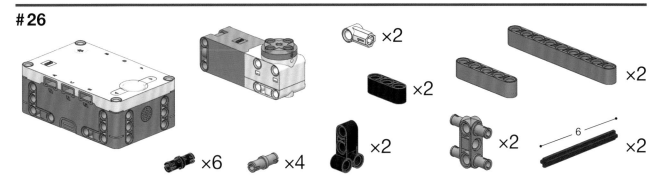

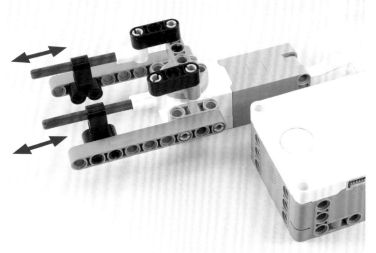

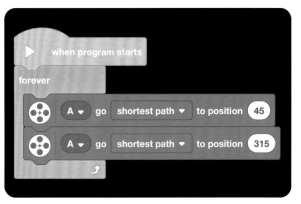

when program starts

forever

A ▾ go shortest path ▾ to position 45

A ▾ go shortest path ▾ to position 315

改變轉動角度

 # 27

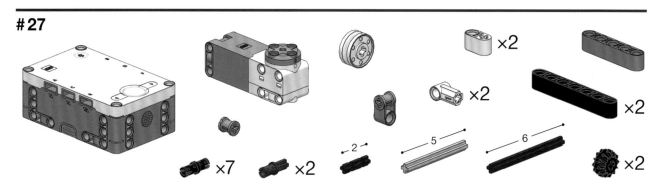

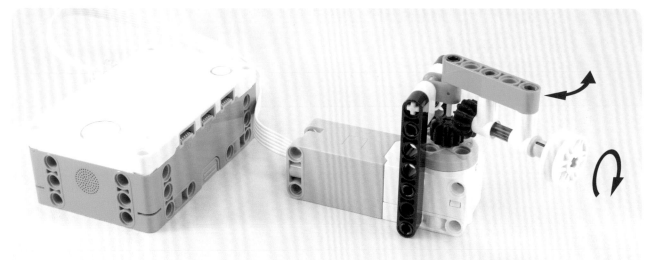

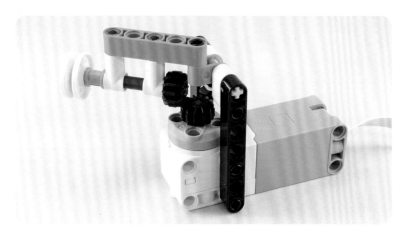

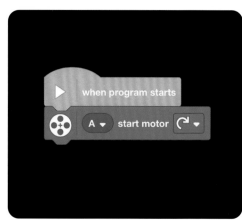

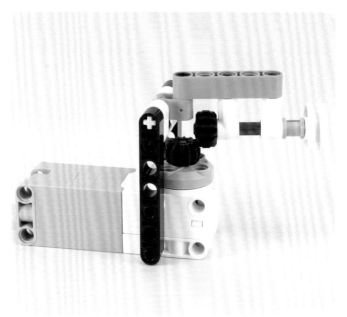

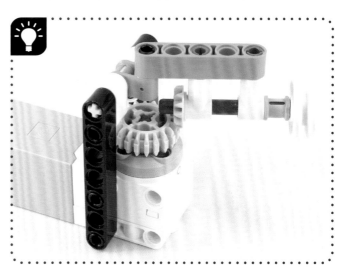

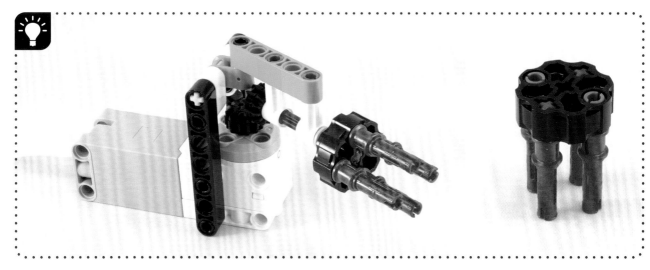

#28

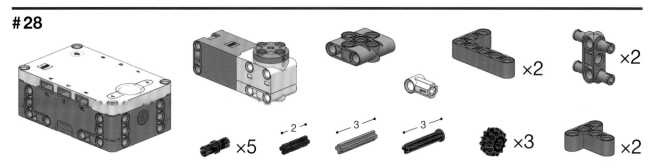

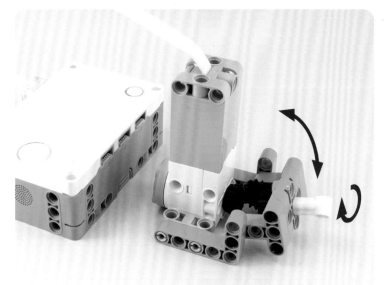

#29

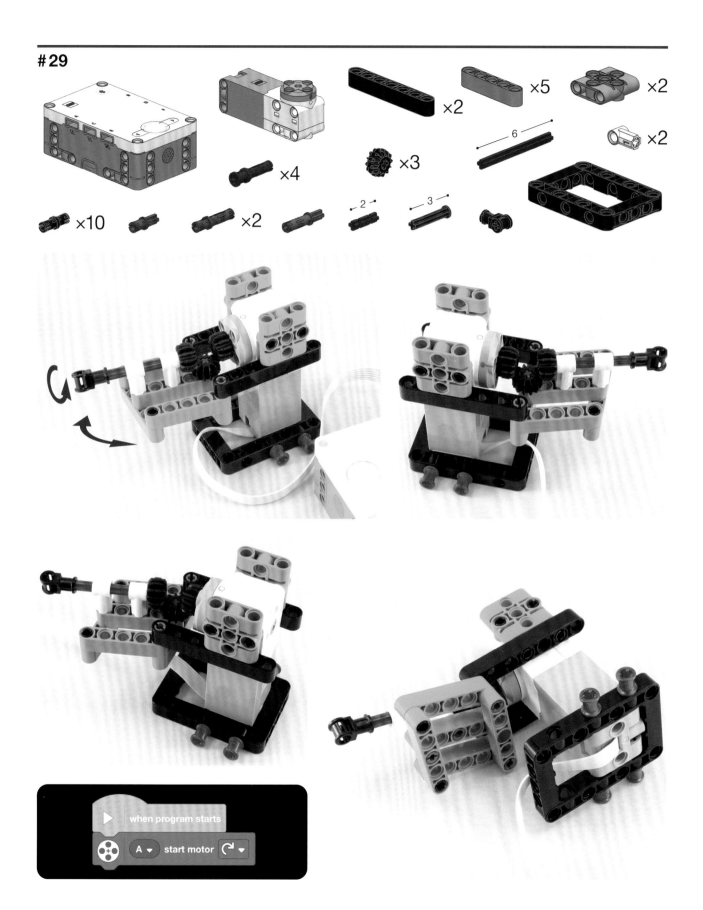

透過橡皮筋來轉動

#30

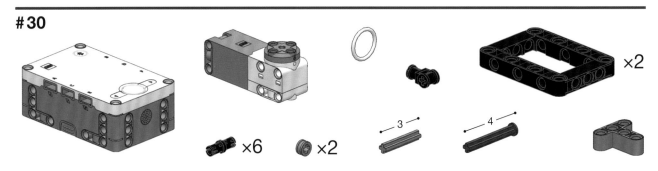

×6 ×2 —3 —4 ×2

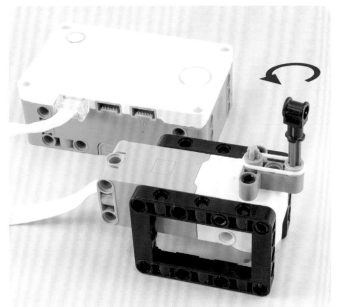

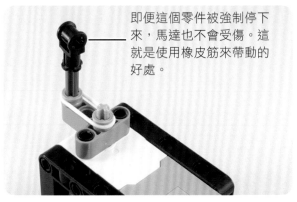

即便這個零件被強制停下
來，馬達也不會受傷。這
就是使用橡皮筋來帶動的
好處。

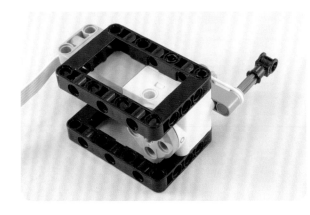

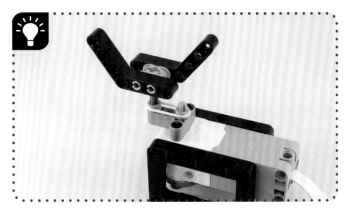

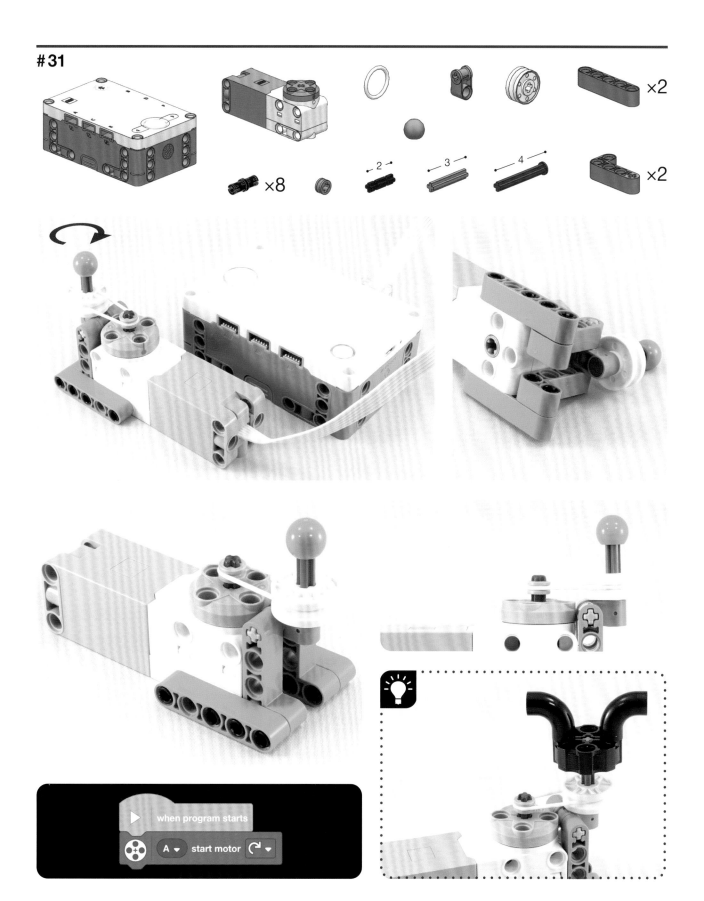

×2

×2

×8

2

3

4

when program starts

A ▾ start motor ↻ ▾

使用凸輪

#32

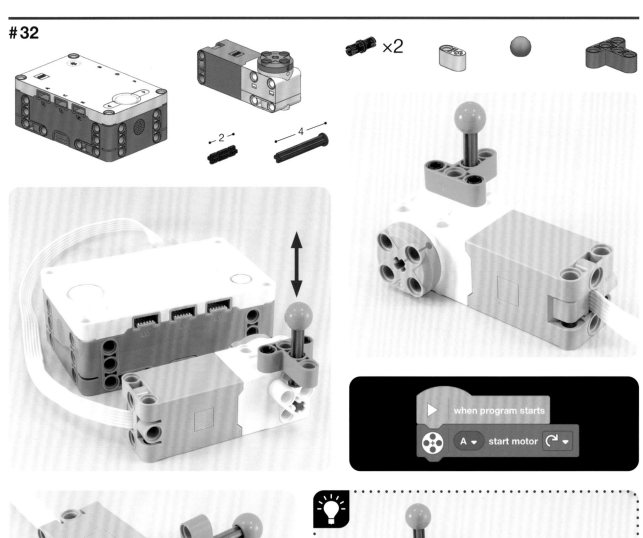

×2

when program starts

A ▾ start motor ↻ ▾

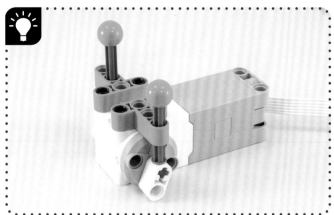

#33

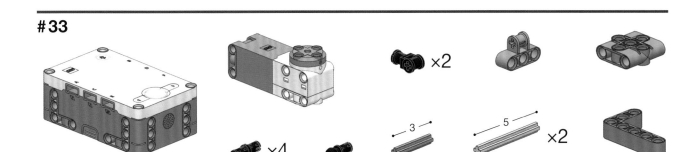

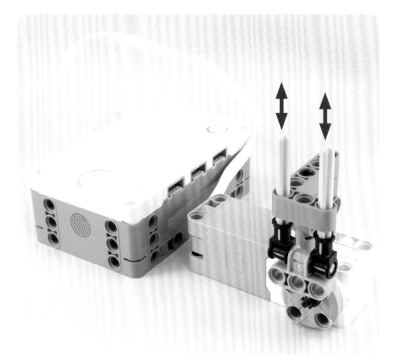

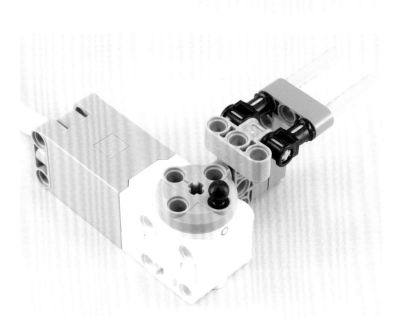

#34

×6 5 ×2 ×2

 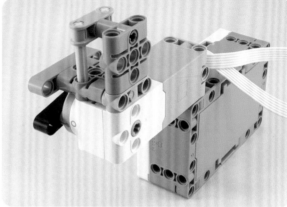

▶ when program starts

A ▾ start motor ↻ ▾

 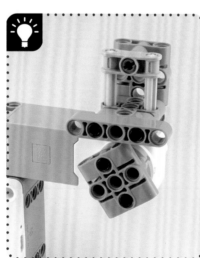 

#35

 ×4  ×2

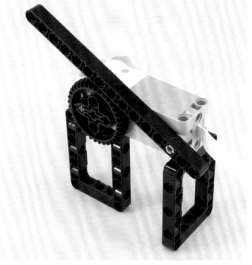

when program starts

A ▾ start motor ↻ ▾

旋轉底盤

#36

×2

×2

×8

×2

×2

×2

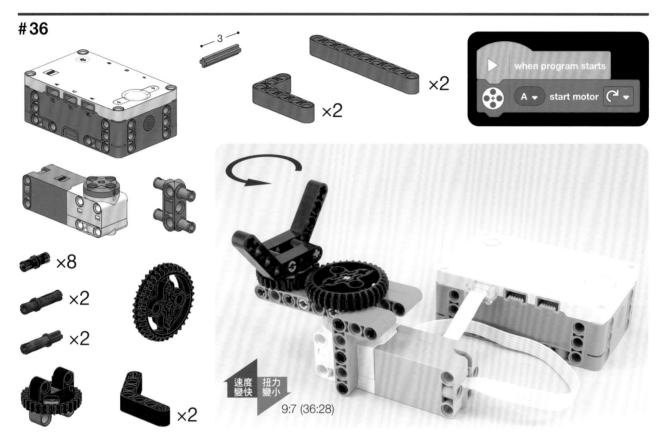

速度
變快

扭力
變小

9:7 (36:28)

when program starts

A ▾ start motor ↻ ▾

注意插銷的方向

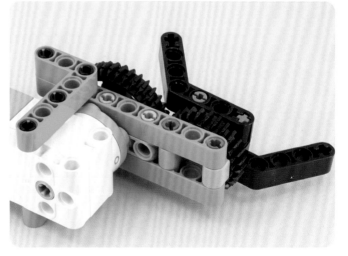

×2

×6

×2

−2−

5

×2

×2

速度
變慢

扭力
變大

3:7 (12:28)

when program starts

A ▾ start motor ↻ ▾

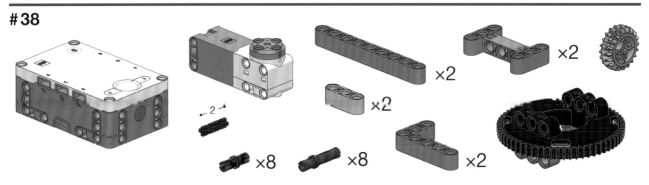

×2

×2

−2−

×2

×8 ×8 ×2

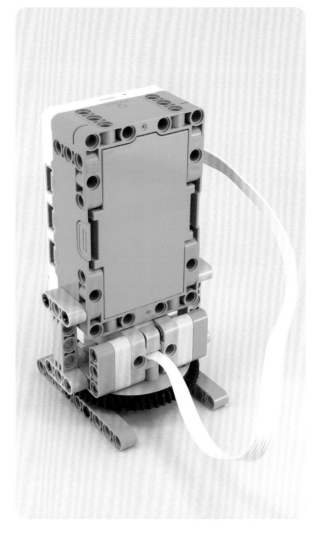

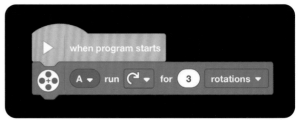

when program starts

A ▾ run ↻ ▾ for 3 rotations ▾

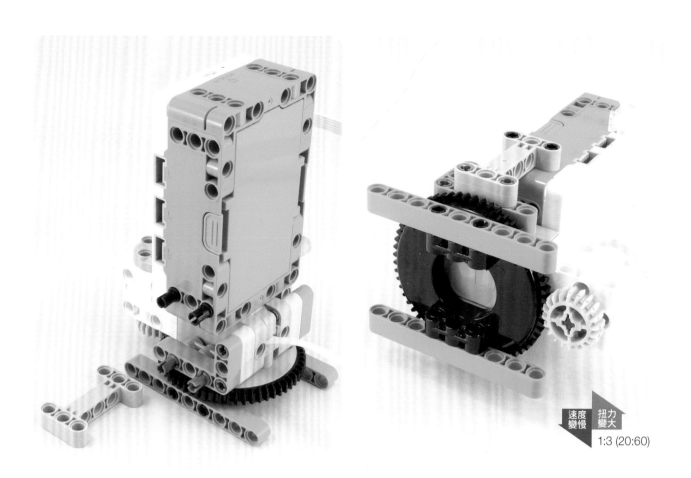

速度
變慢　扭力
變大
1:3 (20:60)

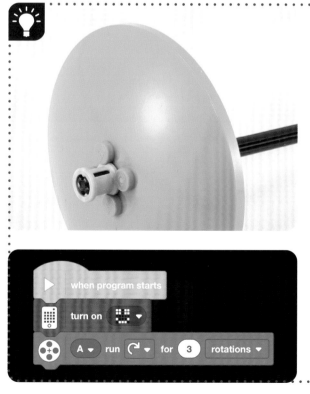

```
▶  when program starts

▦  turn on  ▦ ▼

⊕  A ▼  run  ↻ ▼  for  3  rotations ▼
```

×2

×16

4

×4

9

×2

×2

×2

×2

×2

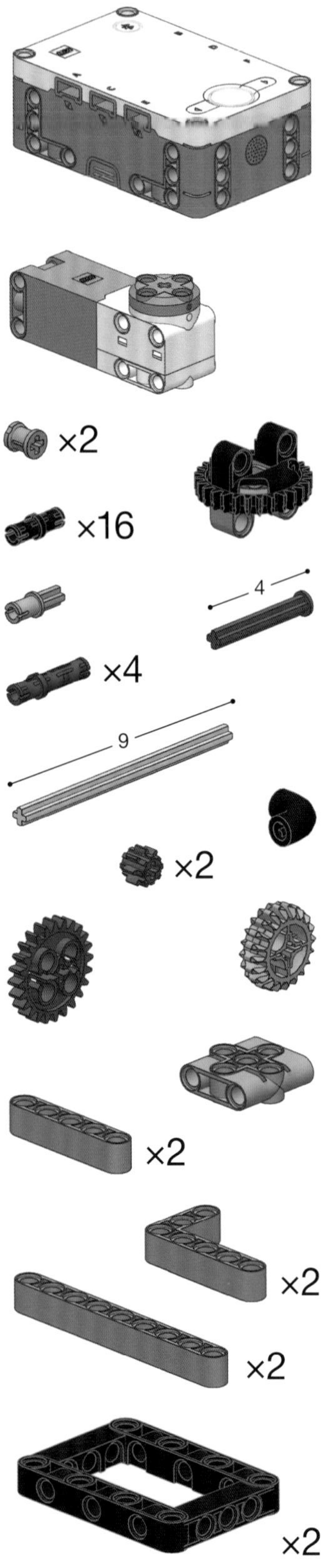

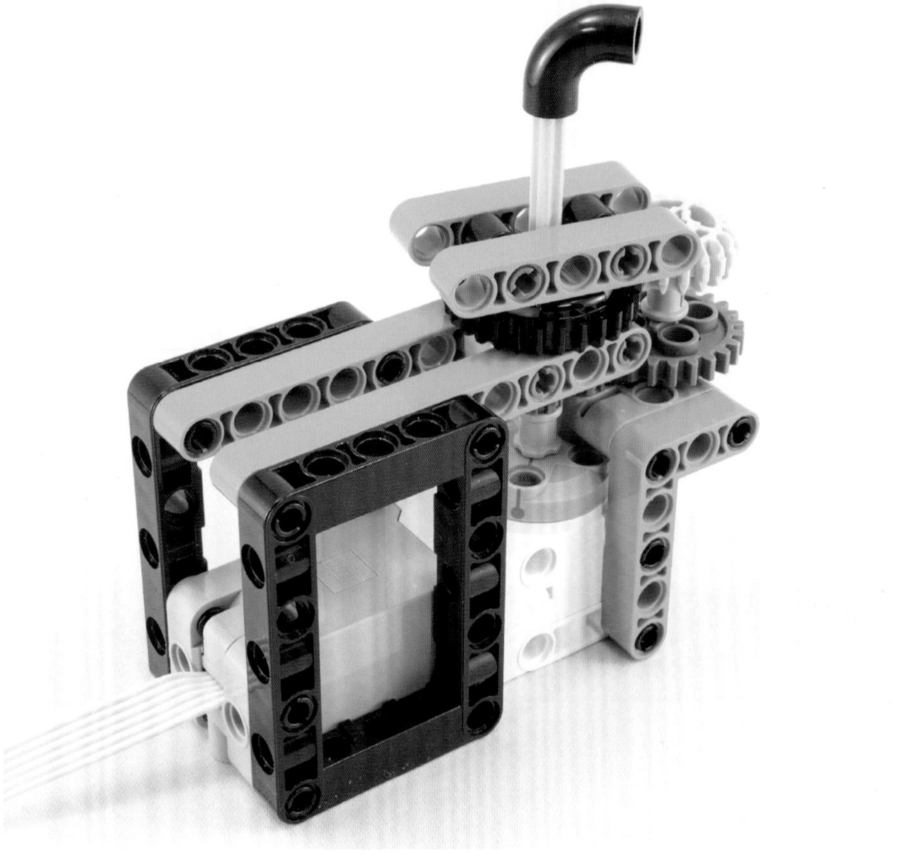

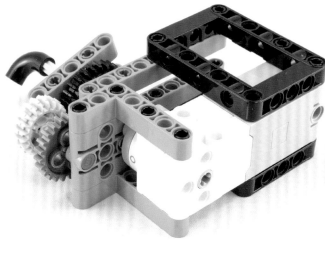

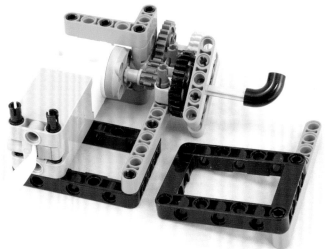

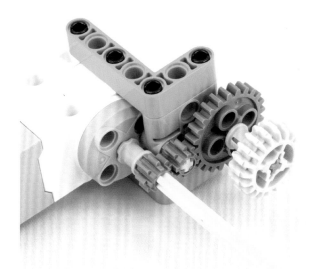

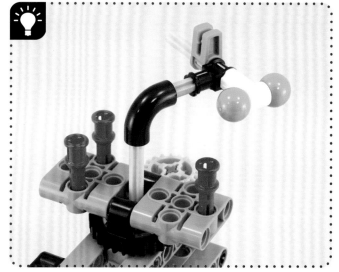

點亮中央按鈕

#40

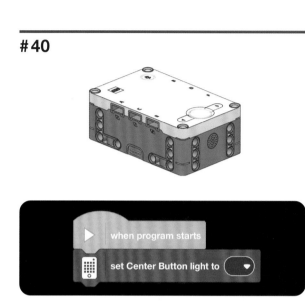

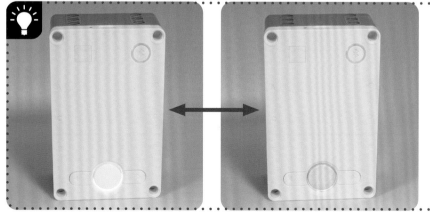

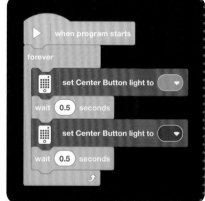

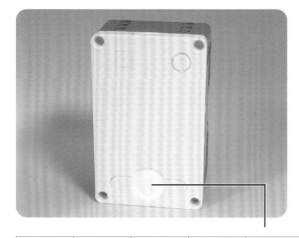

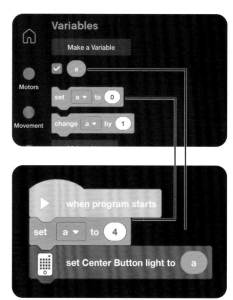

0	1	2	3	4	5	6	7	8	9	10
●	●	●	●	○	●	●	○	●	●	○

這個程式會讓按鈕依序
亮起不同的顏色,除了
黑色(不亮)以外。

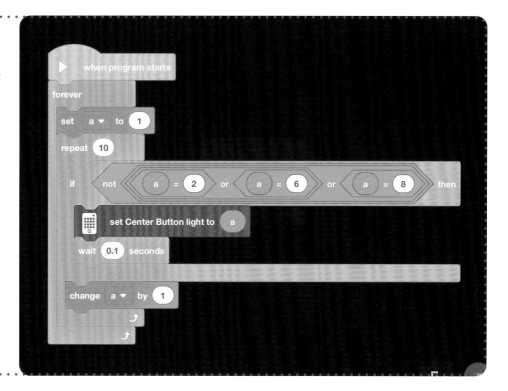

控制 LED 矩陣

#42

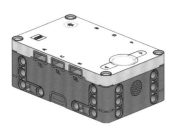

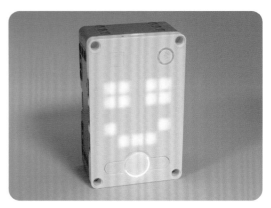

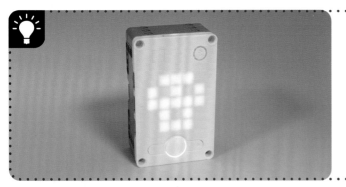

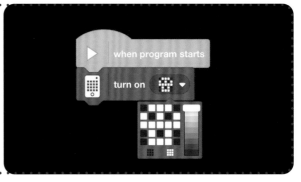

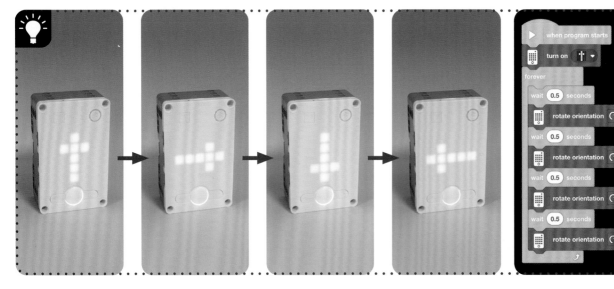

#43

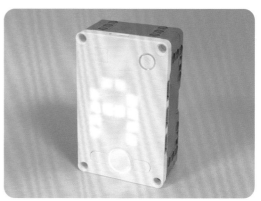

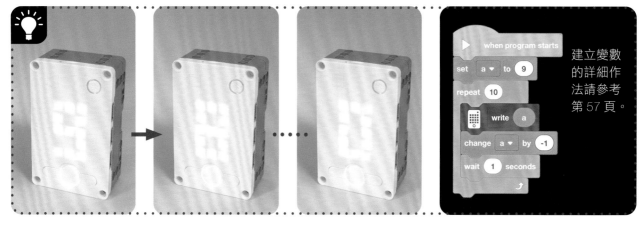

建立變數
的詳細作
法請參考
第 57 頁。

#44

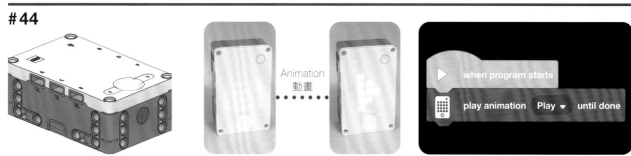

Animation
動畫

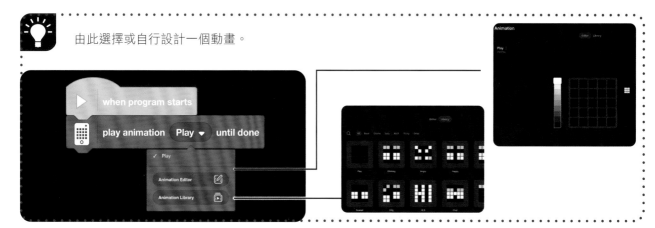

由此選擇或自行設計一個動畫。

使用遙控器

#45

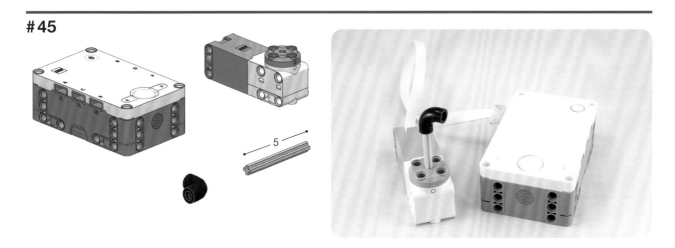

1. 確認你的平板電腦與智慧型電腦已透過藍牙（Bluetooth）連到主機，接著切換到串流（Streaming）模式。

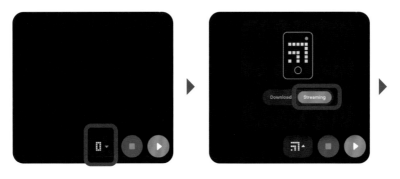

2. 選擇遙控器符號。

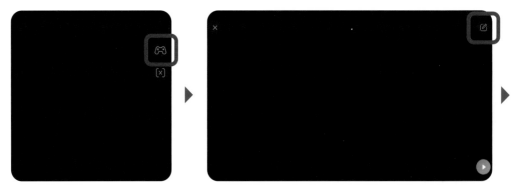

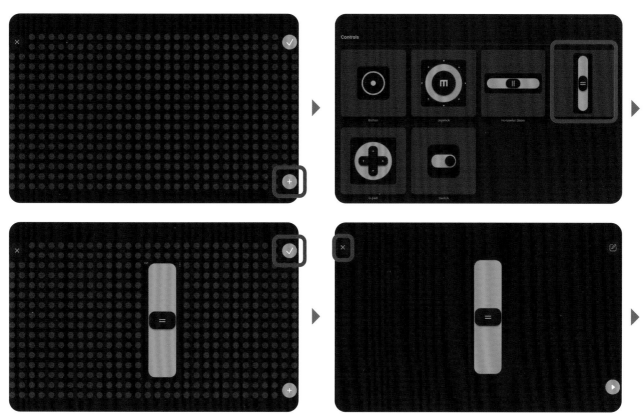

3. 編寫並執行程式。

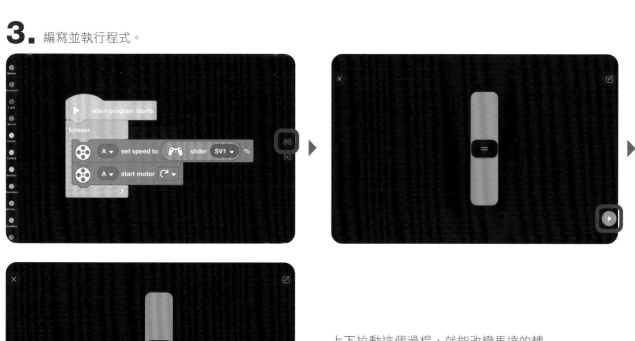

上下拉動這個滑桿，就能改變馬達的轉
動方向與速度。

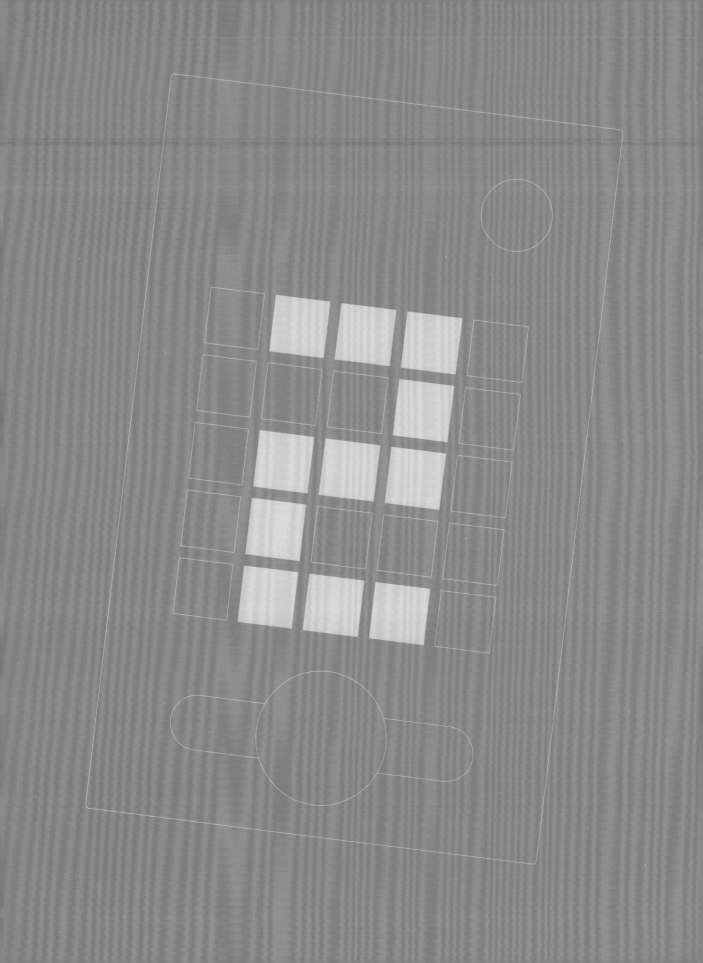

第 2 篇
可動機構

單馬達小車

#46

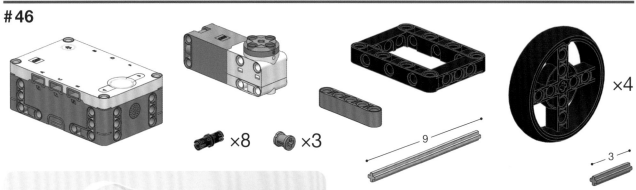

×8   ×3

9

×4

3

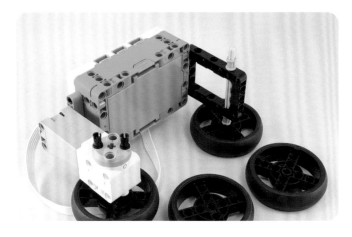

#47

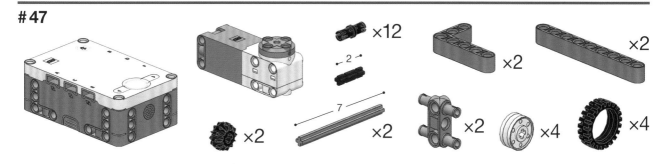

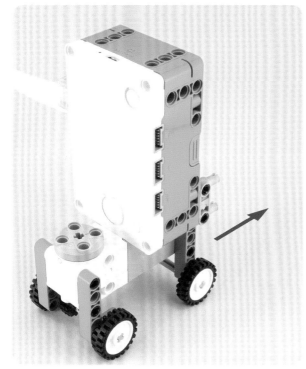

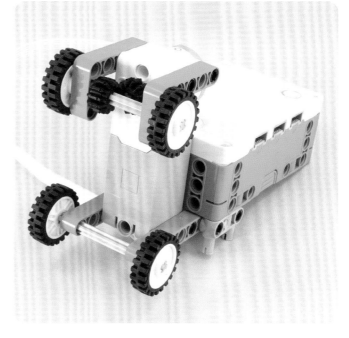

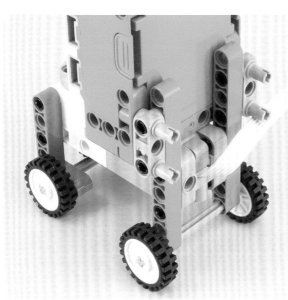

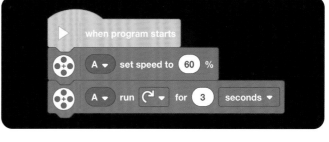

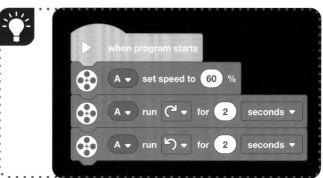

#48

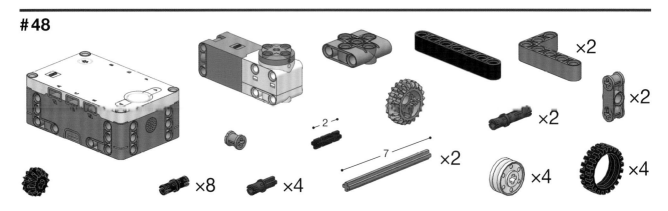

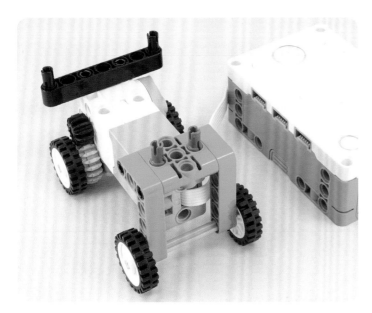

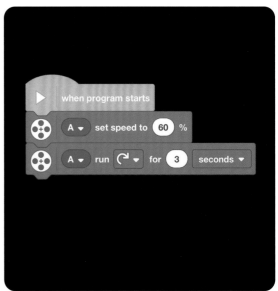

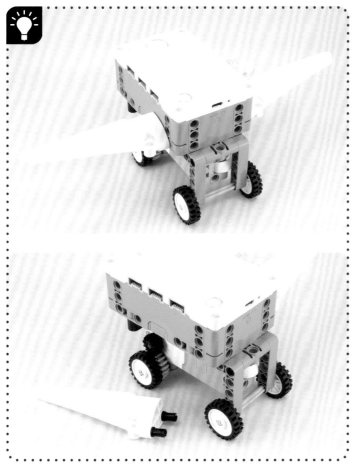

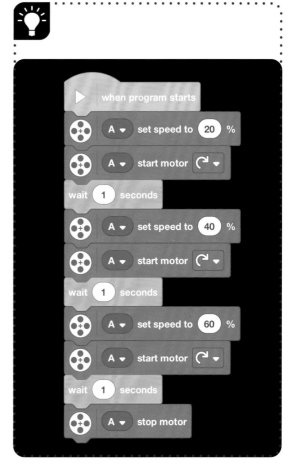

 ×2

 ×2

 ×10

 ×2

 ×2

 ×2

 ×2

 ×2

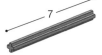 ×2

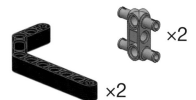 ×2

 ×2

 ×2

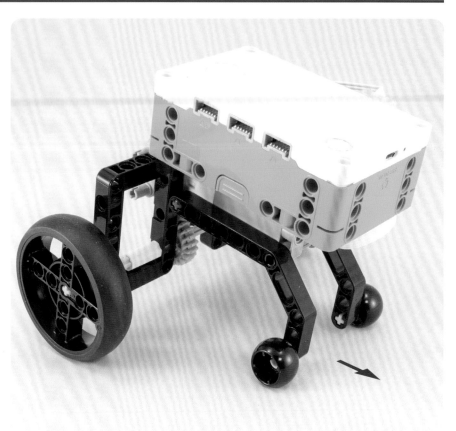

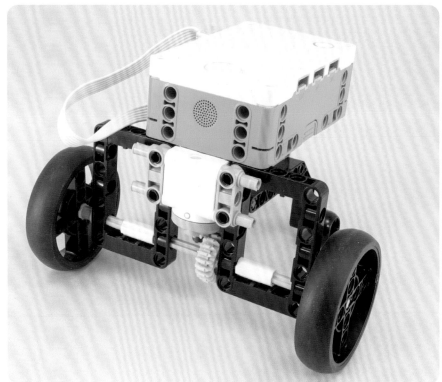

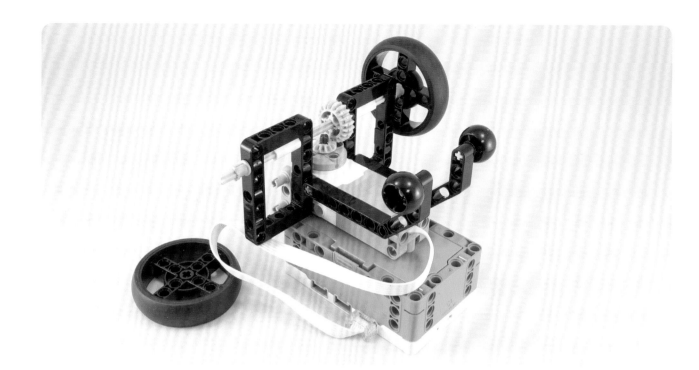

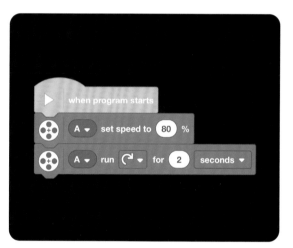

設定遙控器的詳細作法請參考第 60 頁。

前進

停止

後退

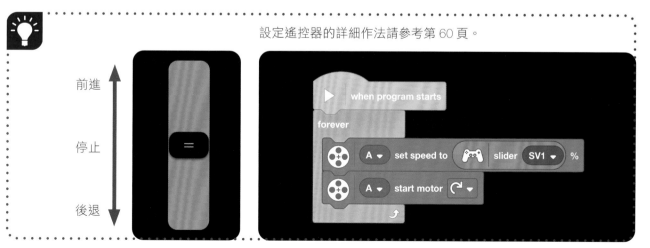

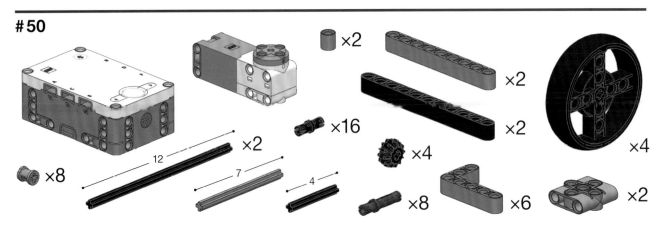

50

×2 ×2 ×2 ×4

×16 ×4 ×2

12 ×2

×8 7

4 ×8 ×6

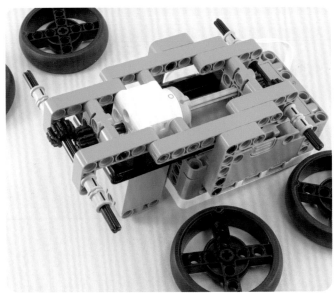

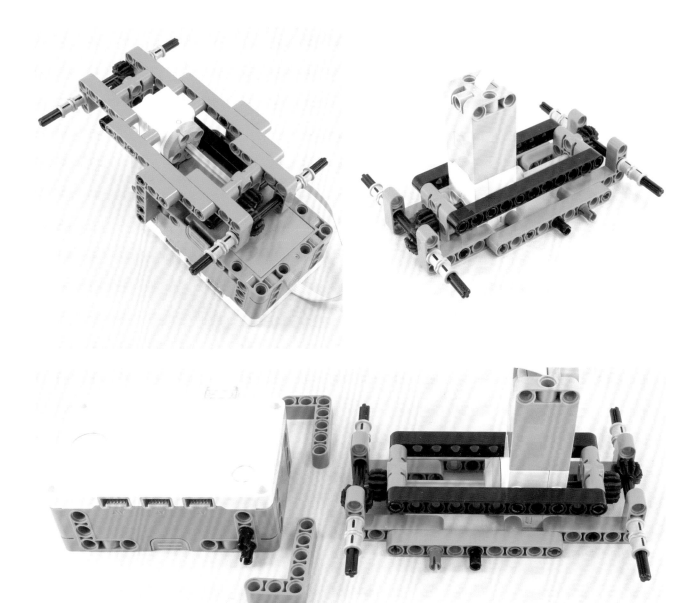

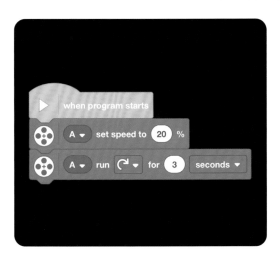

雙馬達小車

#51

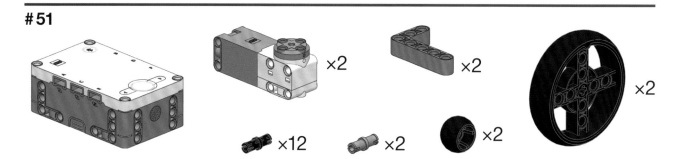

×2 ×2 ×2

×12 ×2 ×2

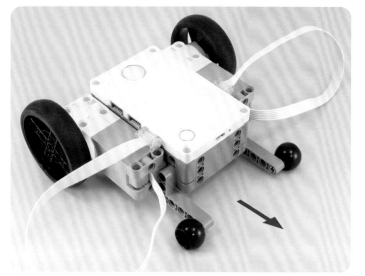

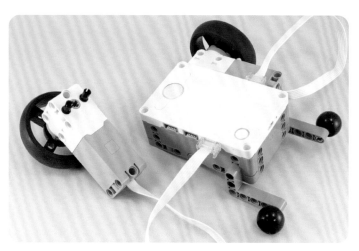

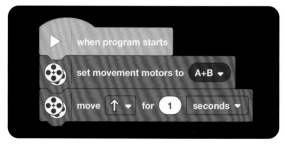

> when program starts
>
> set movement motors to A+B ▾
>
> move ↑ ▾ for 1 seconds ▾

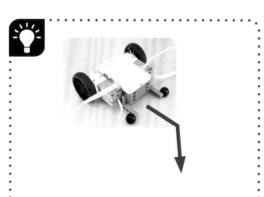

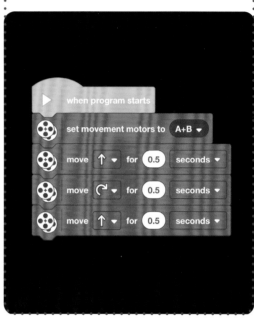

when program starts

set movement motors to A+B ▾

move ↑ ▾ for 0.5 seconds ▾

move ↻ ▾ for 0.5 seconds ▾

move ↑ ▾ for 0.5 seconds ▾

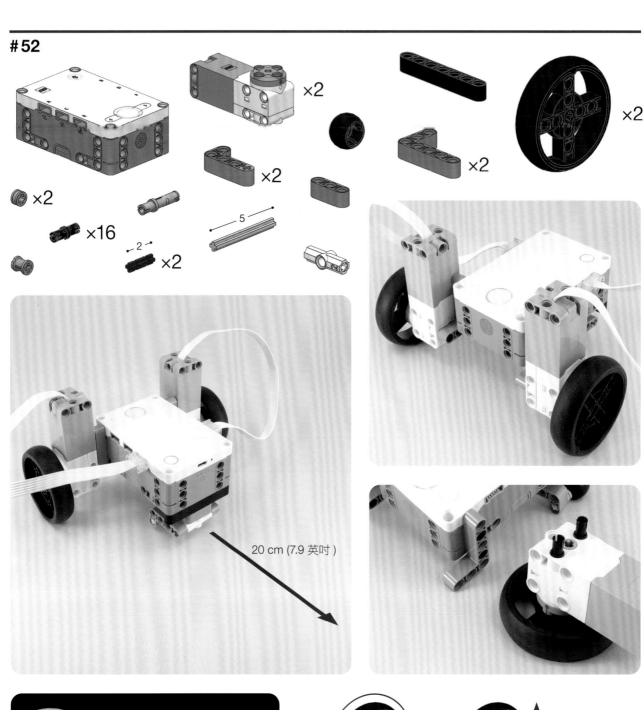

52

20 cm (7.9 英吋)

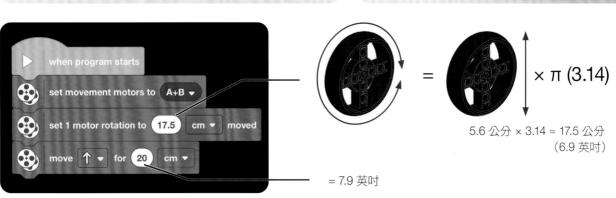

when program starts

set movement motors to A+B ▾

set 1 motor rotation to 17.5 cm ▾ moved

move ↑ ▾ for 20 cm ▾

= 7.9 英吋

= × π (3.14)

5.6 公分 × 3.14 ≈ 17.5 公分
(6.9 英吋)

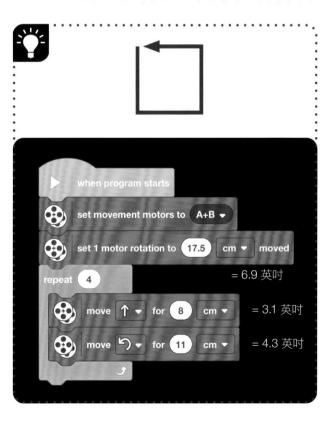

when program starts

set movement motors to A+B ▾

set 1 motor rotation to 17.5 cm ▾ moved

= 6.9 英吋

repeat 4

move ↑ ▾ for 8 cm ▾

= 3.1 英吋

move ↻ ▾ for 11 cm ▾

= 4.3 英吋

#53

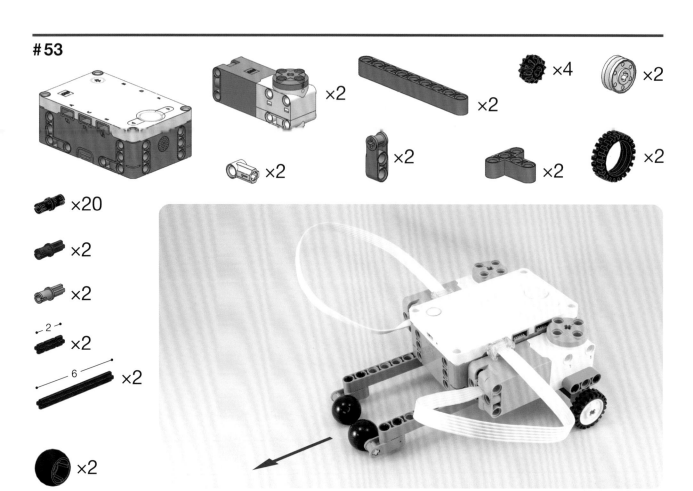

×20
×2
×2
×2 —2—
×2 —6—
×2

×2
×2
×2
×4
×2
×2
×2
×2

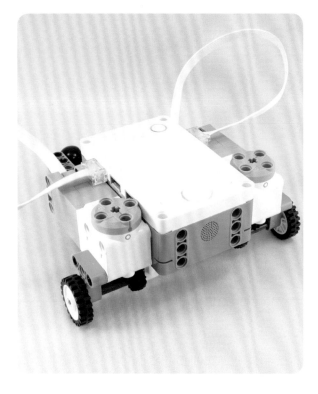

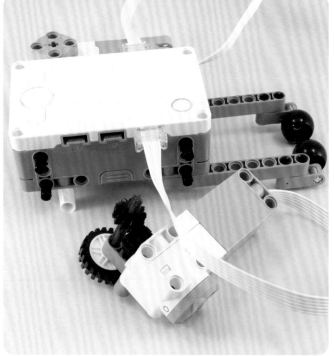

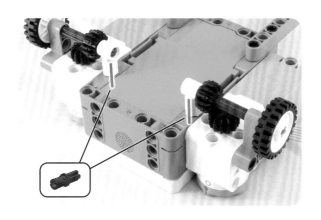

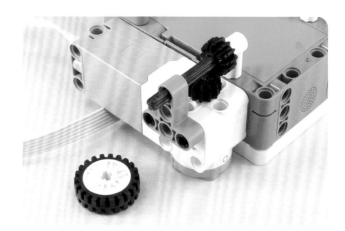

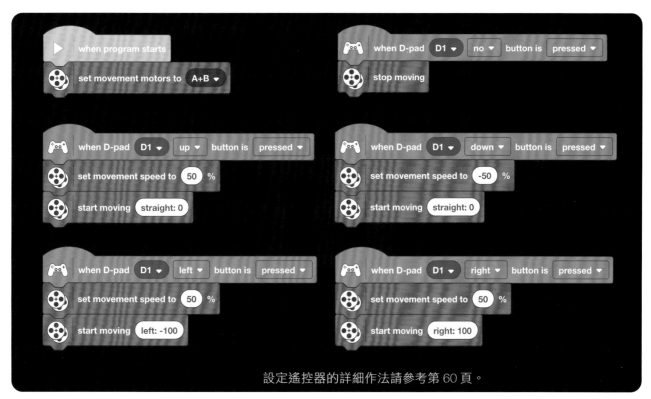

when program starts

set movement motors to A+B

when D-pad D1 no button is pressed

stop moving

when D-pad D1 up button is pressed

set movement speed to 50 %

start moving straight: 0

when D-pad D1 down button is pressed

set movement speed to -50 %

start moving straight: 0

when D-pad D1 left button is pressed

set movement speed to 50 %

start moving left: -100

when D-pad D1 right button is pressed

set movement speed to 50 %

start moving right: 100

設定遙控器的詳細作法請參考第 60 頁。

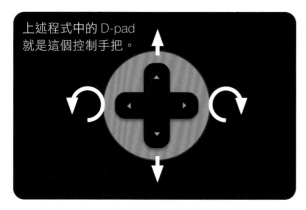

上述程式中的 D-pad 就是這個控制手把。

54

×2
×10
×2
×4
4
×2
×2
×2
3
×2
4
×2
×4
×2
×2
×2
×2
×2
×2
×2

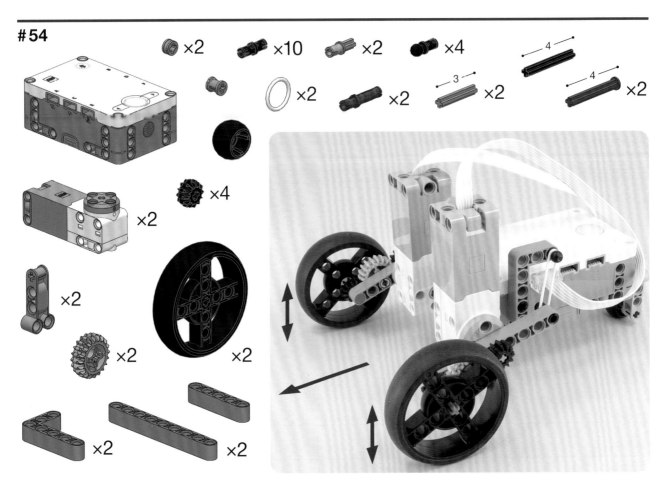

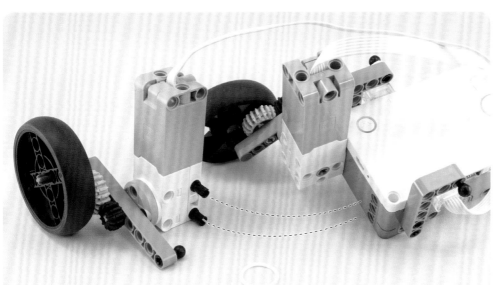

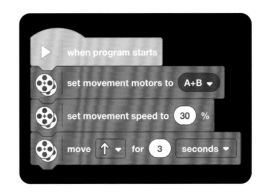

使用轉向輪來轉彎

#55

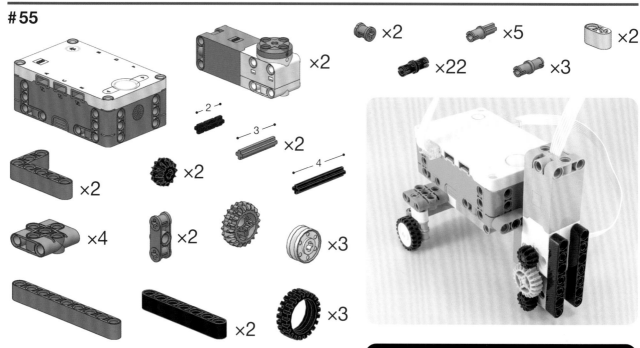

×2

×2

×5

×2

×22

×3

×2

- 2
- 3 ×2
- 4

×2

×2

×3

×4

×2

×2

×3

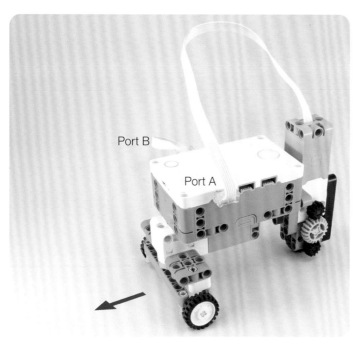

Port B

Port A

```
▶ when program starts

  B ▼ go shortest path ▼ to position 0

  A ▼ set speed to 50 %

  A ▼ start motor ↻

wait 1 seconds

  B ▼ go shortest path ▼ to position 330

wait 1 seconds

  B ▼ go shortest path ▼ to position 0

wait 1 seconds

  A ▼ stop motor
```

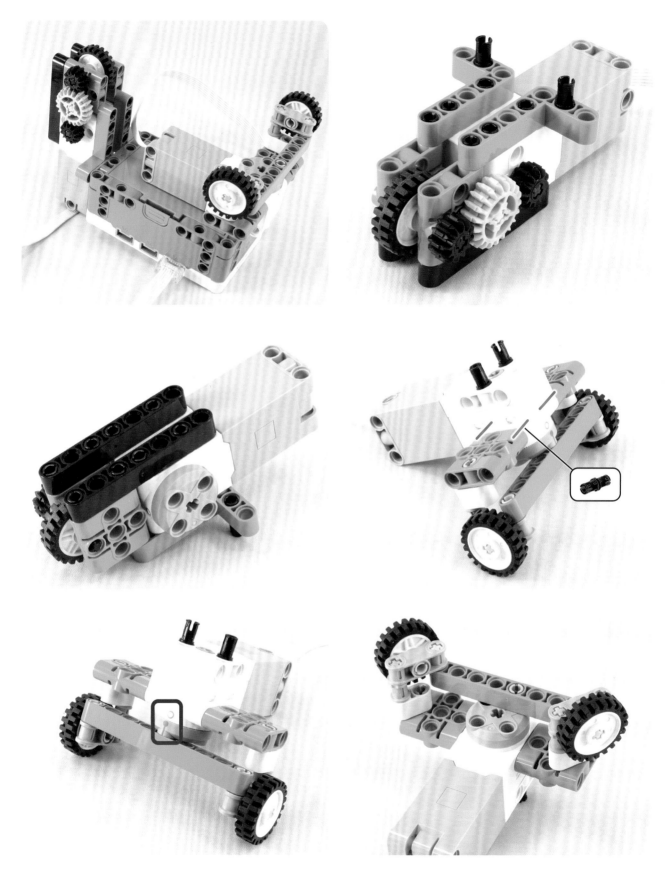

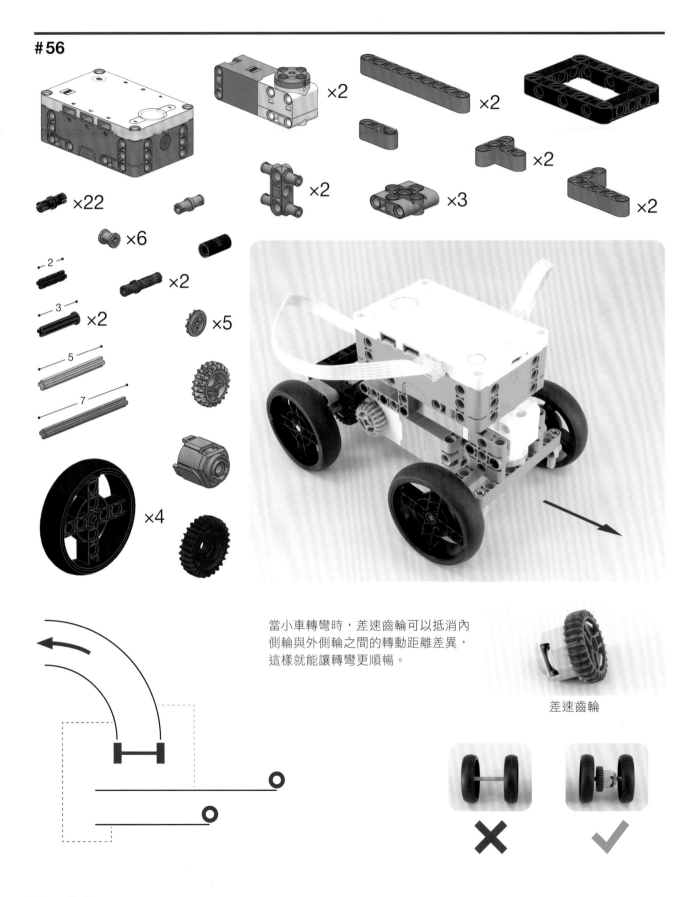

#56

×2 ×2 ×2

×22 ×2 ×3 ×2

×6 ×2

2

×2 ×5

3

×2

5

7

×4

當小車轉彎時，差速齒輪可以抵消內側輪與外側輪之間的轉動距離差異，這樣就能讓轉彎更順暢。

差速齒輪

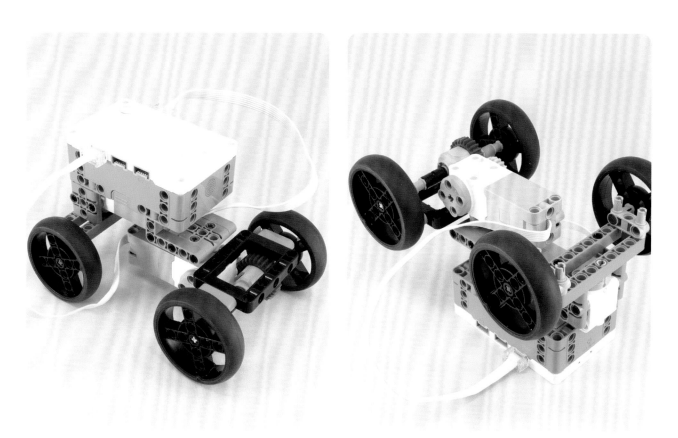

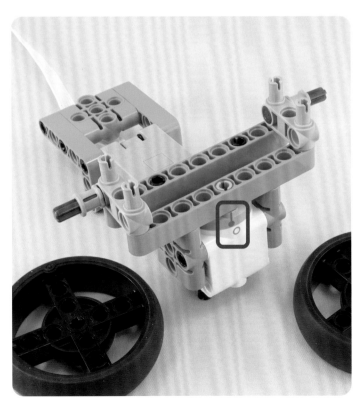

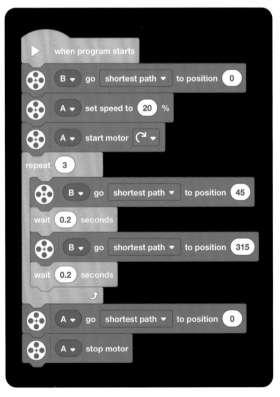

```
when program starts

B ▼ go shortest path ▼ to position 0

A ▼ set speed to 20 %

A ▼ start motor ↻ ▼

repeat 3

    B ▼ go shortest path ▼ to position 45

    wait 0.2 seconds

    B ▼ go shortest path ▼ to position 315

    wait 0.2 seconds

A ▼ go shortest path ▼ to position 0

A ▼ stop motor
```

步行機器人

#57

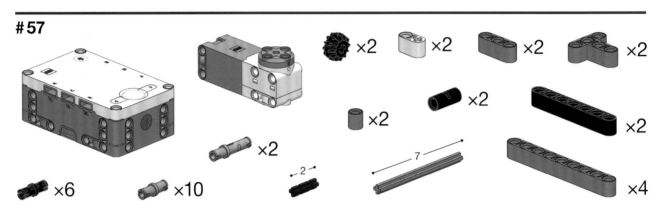

×2 ×2 ×2 ×2

×2 ×2

×2

×2

7

×6 ×10 2 ×4

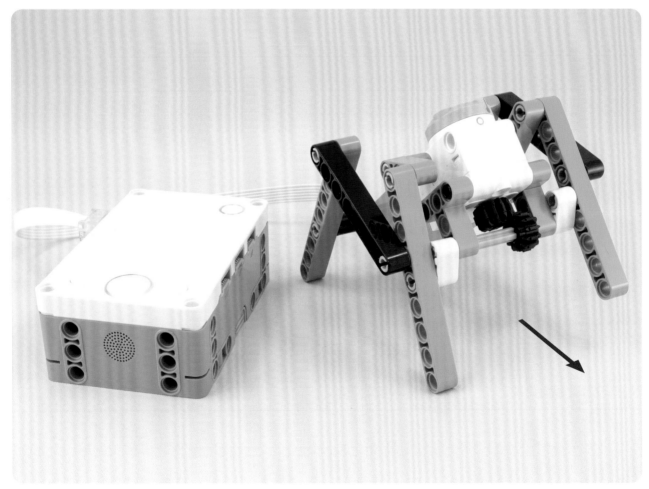

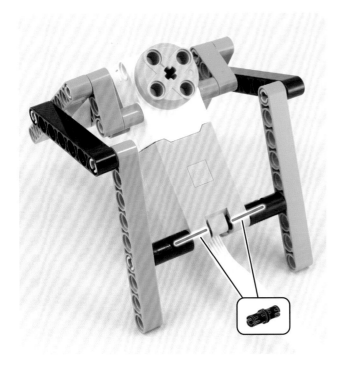

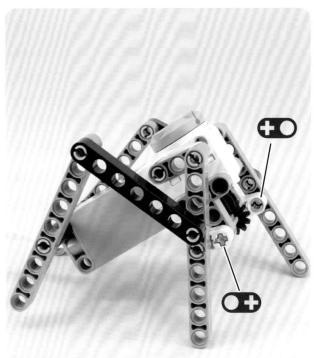

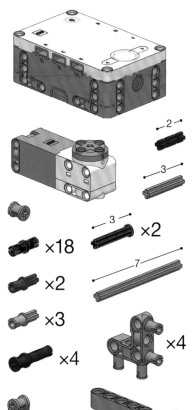

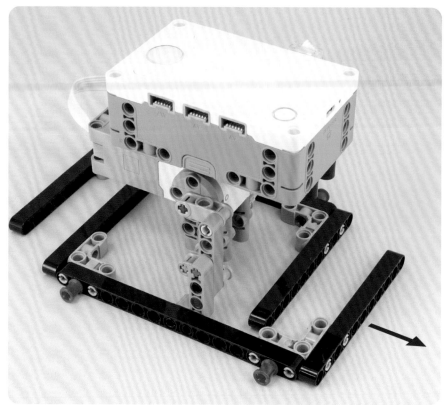

58

×18

×2

×2

×3

×4

×4

×2

×2

×2

×2

×6

×2

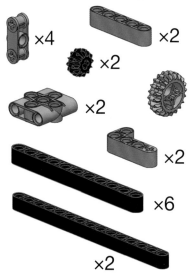

when program starts

A ▾ set speed to 20 %

A ▾ start motor ↻ ▾

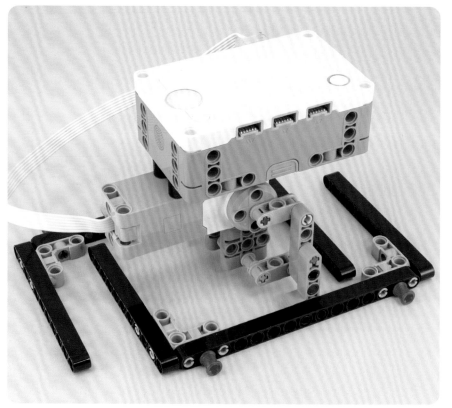

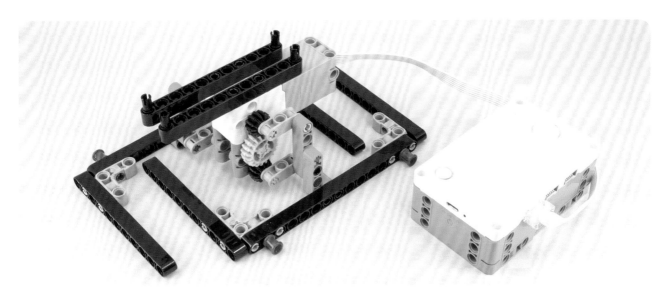

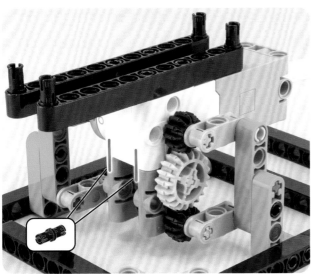

請注意，兩側的這兩個零件一個朝左，
一個朝右。

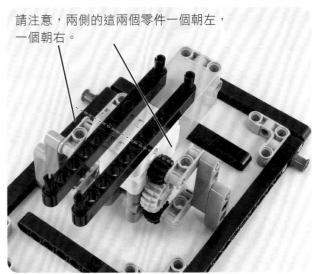

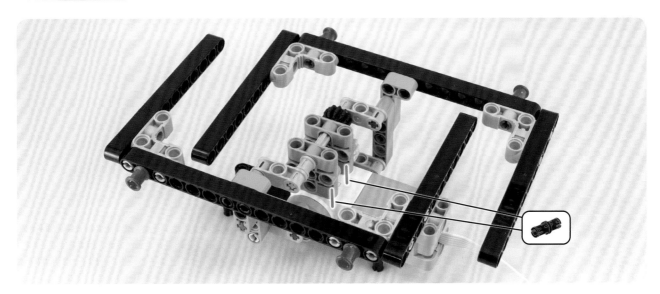

59

× 2

× 3

× 6

× 9

×32

×16

×3

×4

×6

×2

×4

×2

×4

×2

×4

×2

when program starts

A ▾ set speed to 15 %

A ▾ start motor ↻ ▾

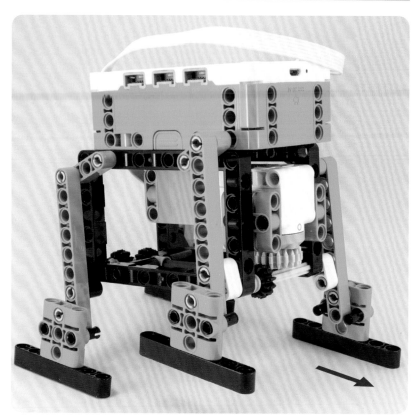

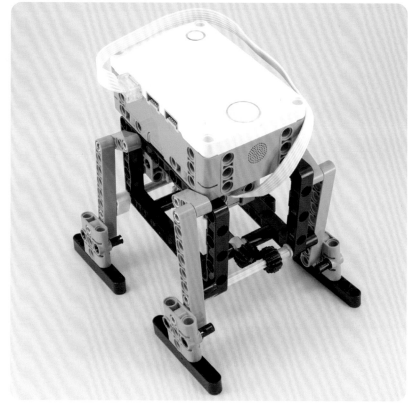

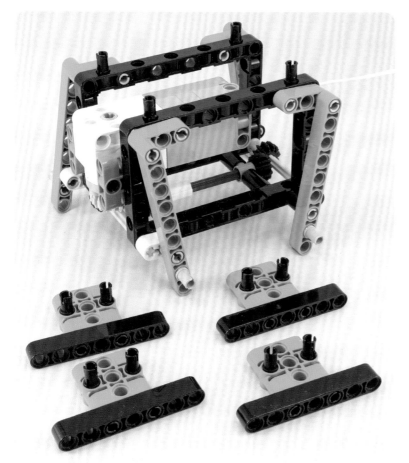

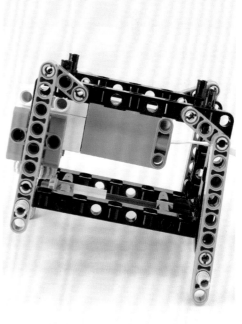

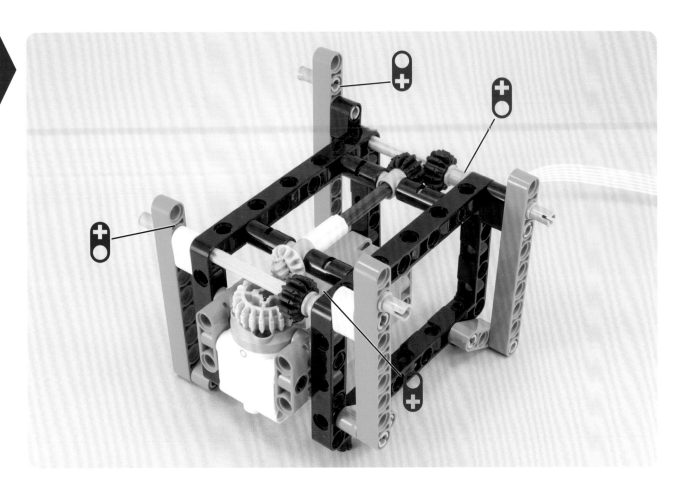

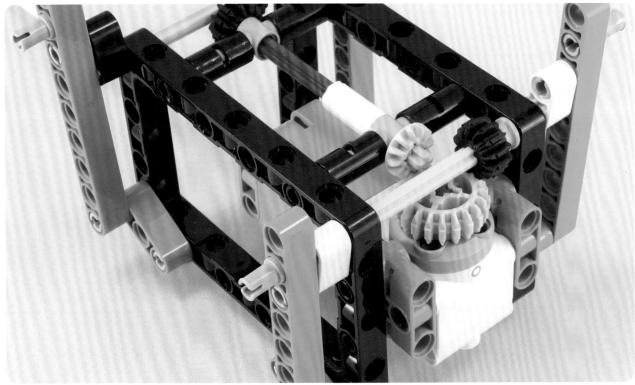

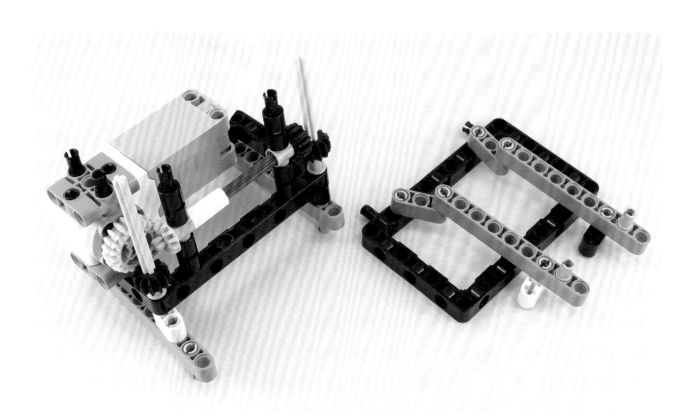

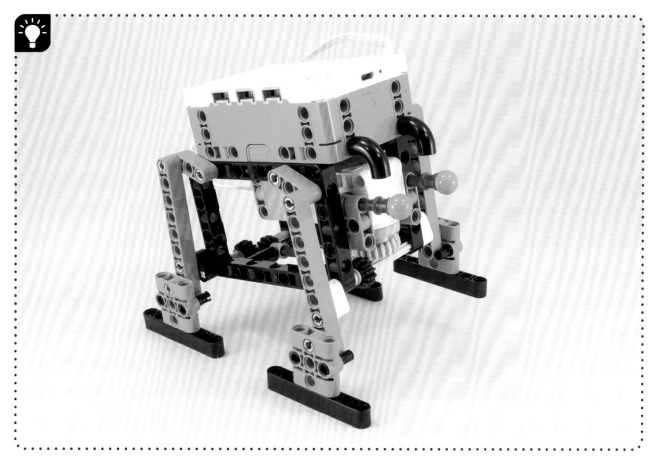

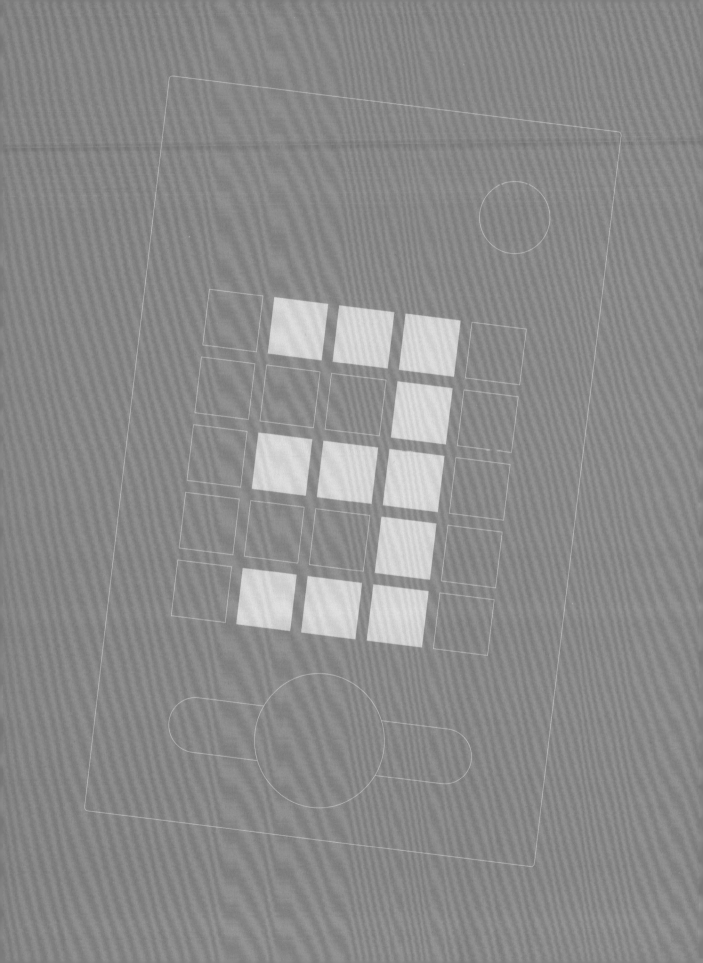

第 3 篇
實用的機構

夾爪

#60

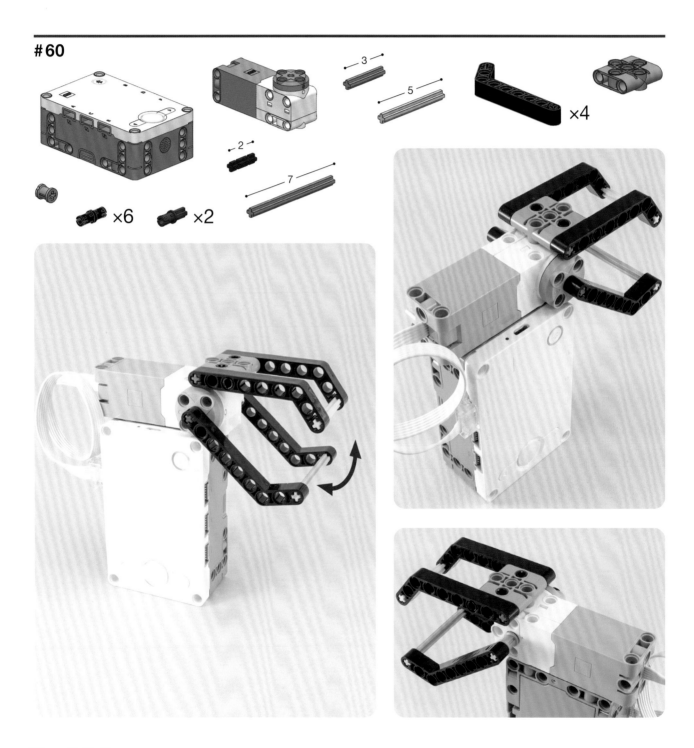

×6 ×2

×4

×3
×5
×2
×7

請根據要夾取的東西來修改這個數值（20 - 50）。

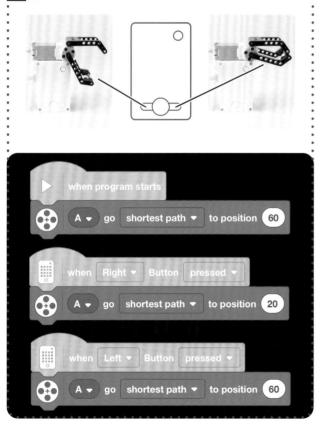

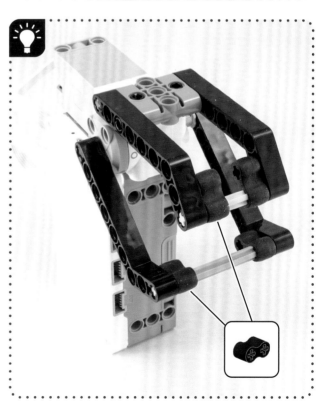

#61

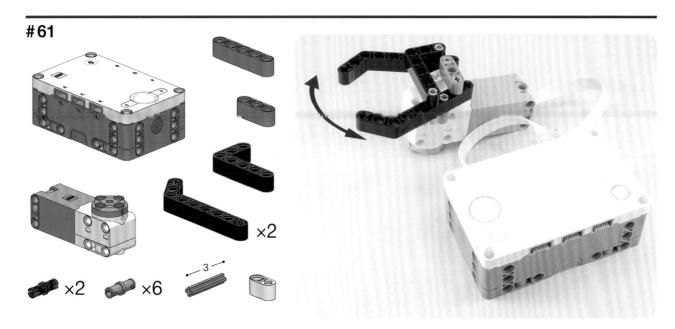

×2

3

×2 ×6

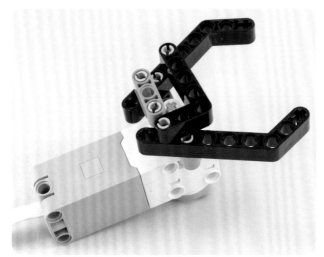

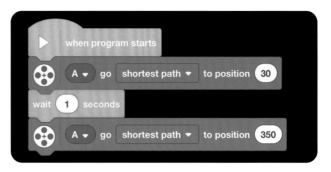

when program starts

A ▾ go shortest path ▾ to position 30

wait 1 seconds

A ▾ go shortest path ▾ to position 350

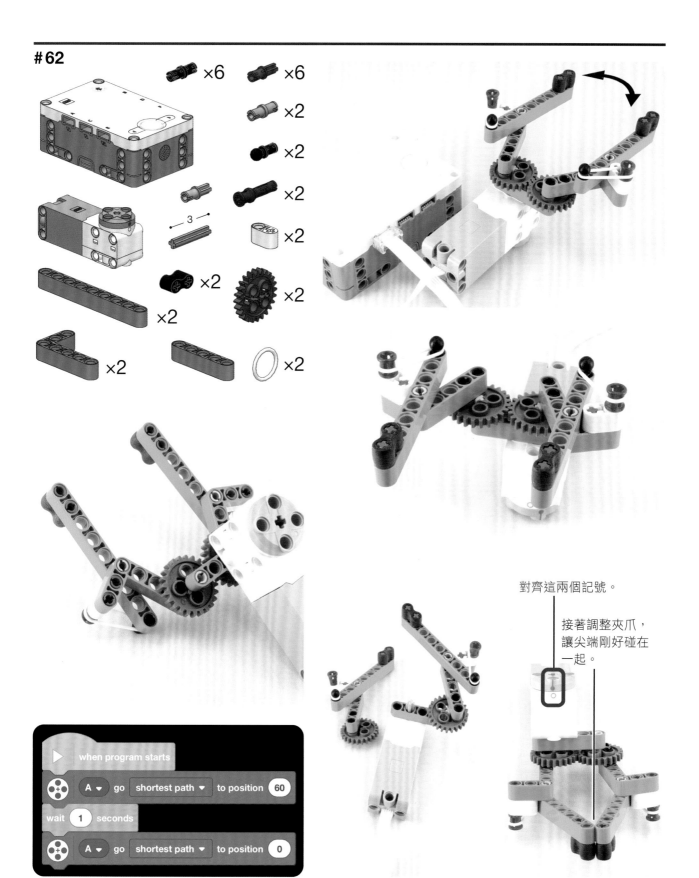

62

對齊這兩個記號。

接著調整夾爪，
讓尖端剛好碰在
一起。

```
when program starts
A ▼  go  shortest path ▼  to position  60
wait  1  seconds
A ▼  go  shortest path ▼  to position  0
```

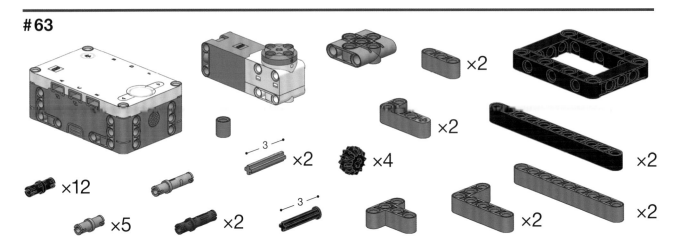

#63

×12 ×5 ×2 ×2 ×4 ×2 ×2 ×2 ×2 ×2

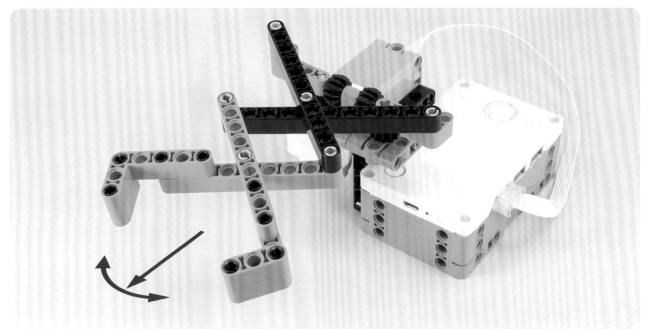

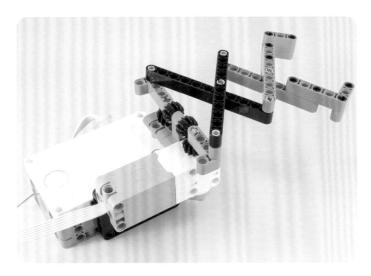

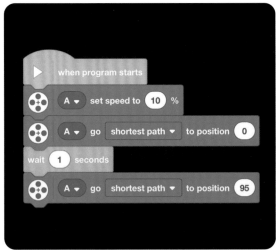

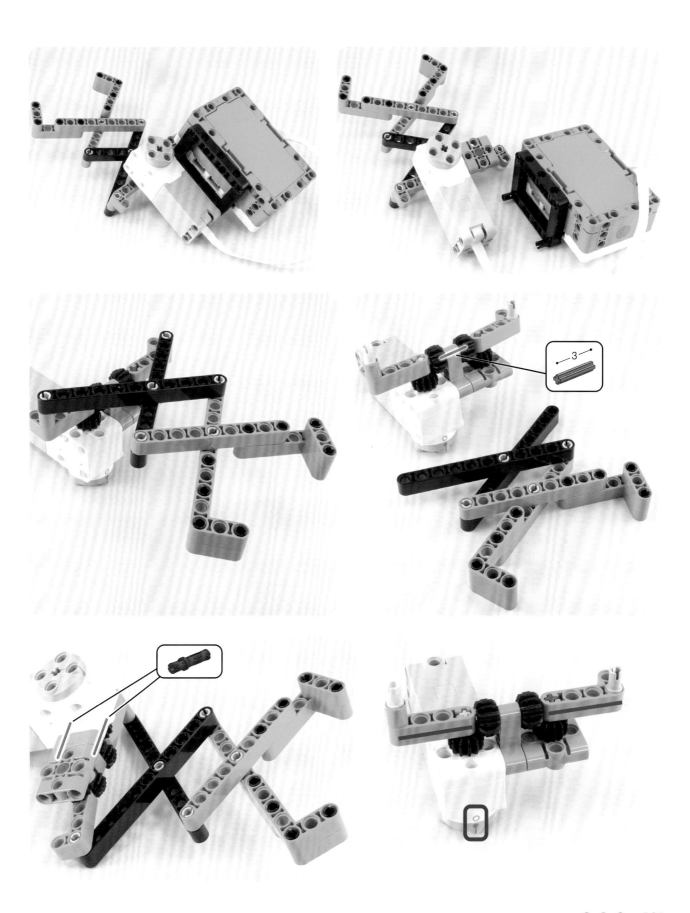

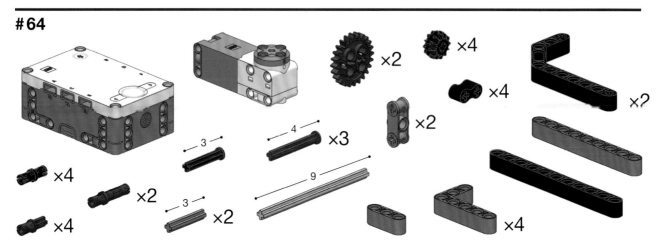

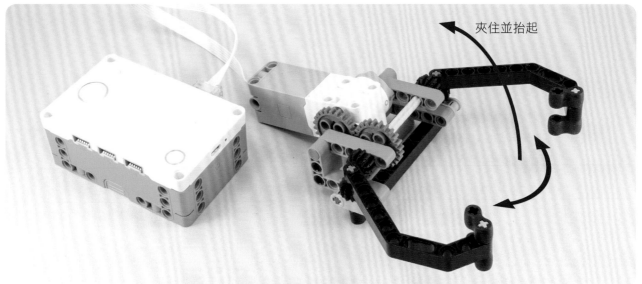

64

夾住並抬起

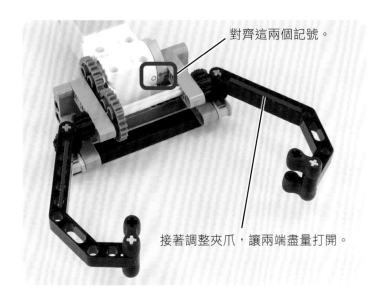

對齊這兩個記號。

接著調整夾爪，讓兩端盡量打開。

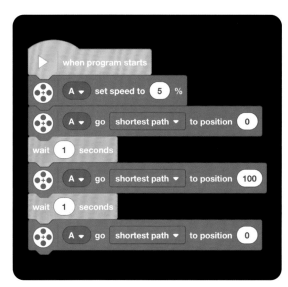

```
▶ when program starts

⊕ A ▾  set speed to  5  %

⊕ A ▾  go  shortest path ▾  to position  0

wait  1  seconds

⊕ A ▾  go  shortest path ▾  to position  100

wait  1  seconds

⊕ A ▾  go  shortest path ▾  to position  0
```

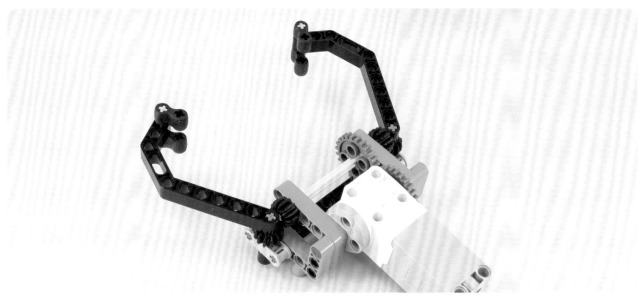

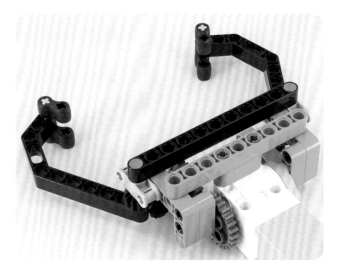

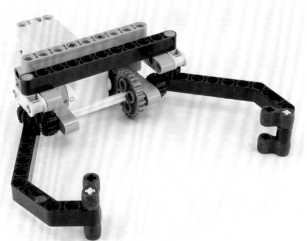

抬升裝置

#65

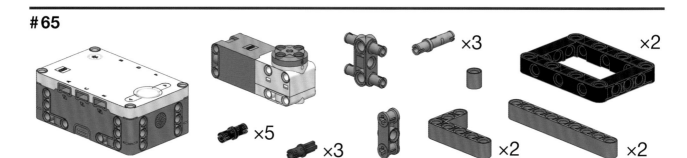

×3

×2

×5

×3

×2

×2

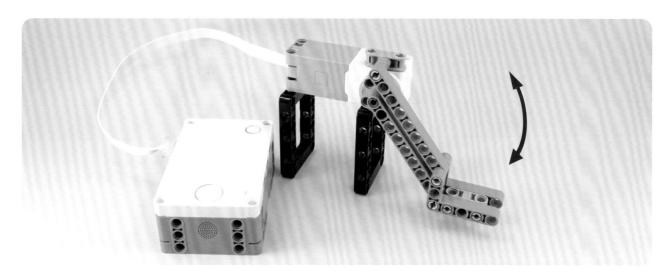

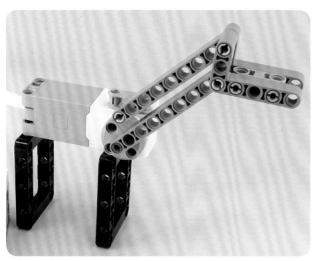

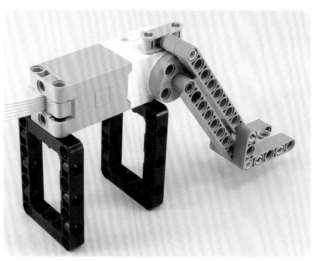

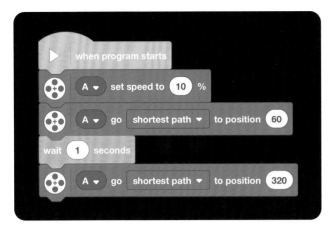

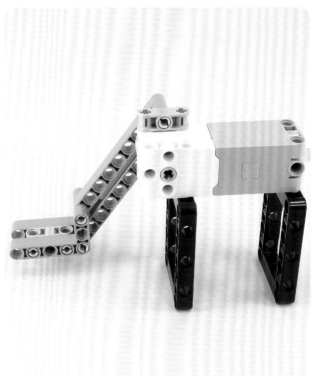

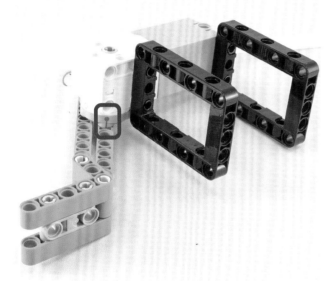

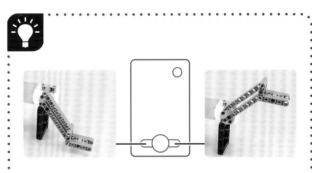

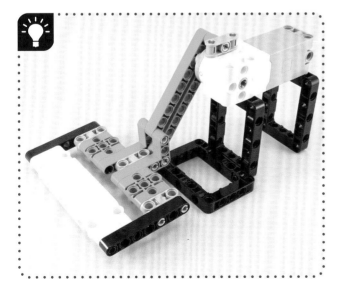

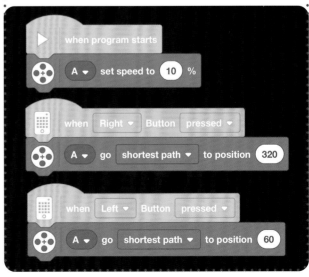

#66

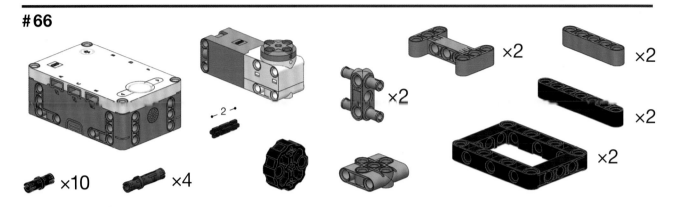

×10   ×4

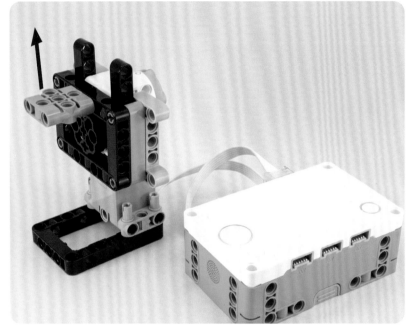

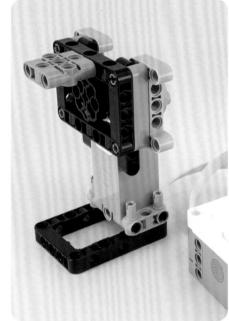

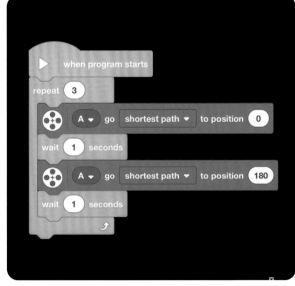

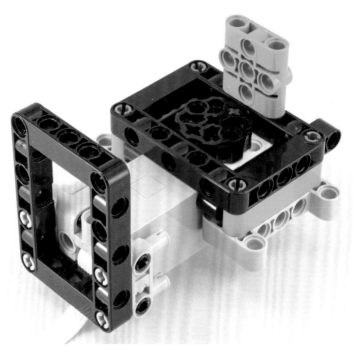

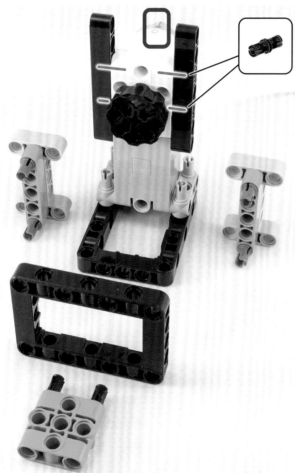

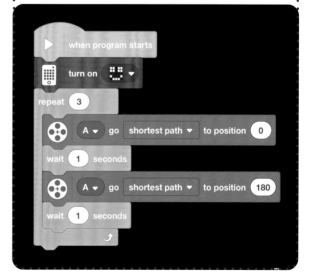

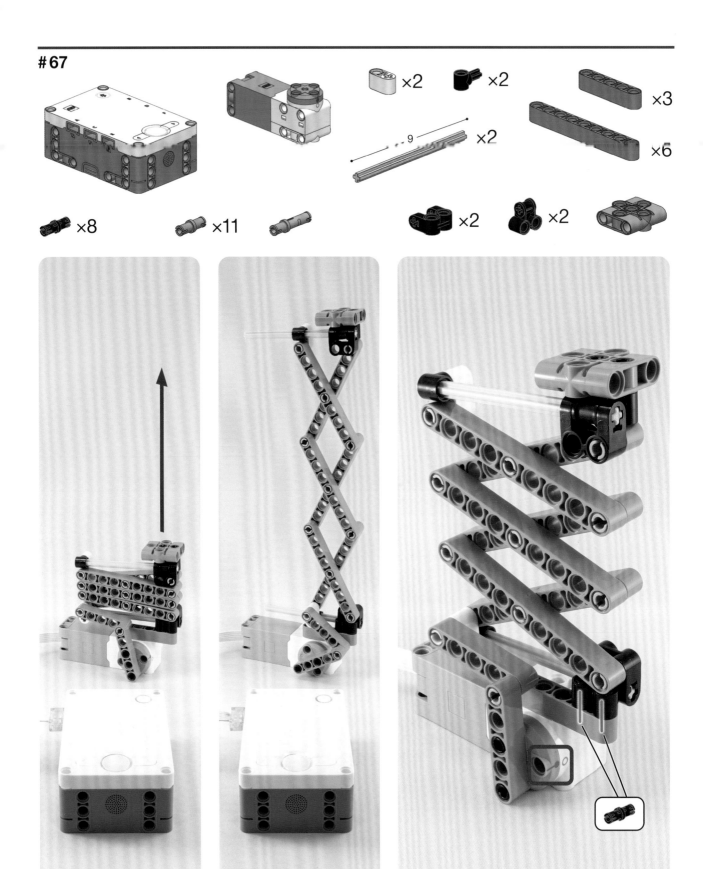

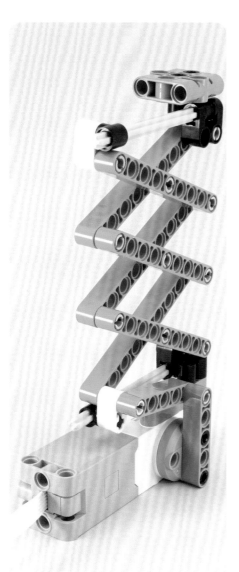

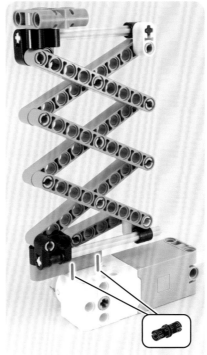

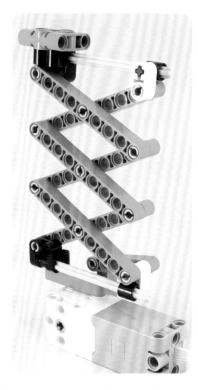

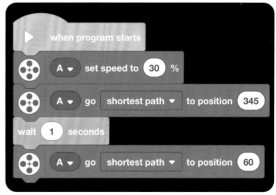

```
when program starts

A ▾   set speed to  30  %

A ▾   go   shortest path ▾   to position  345

wait  1  seconds

A ▾   go   shortest path ▾   to position  60
```

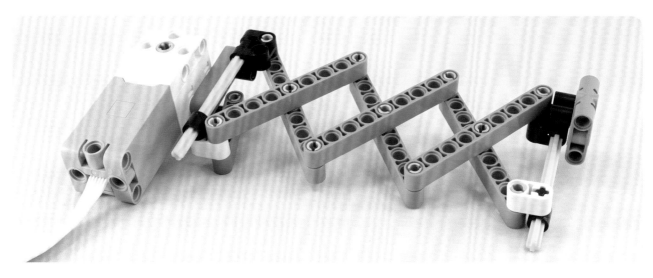

拍動翅膀

#68

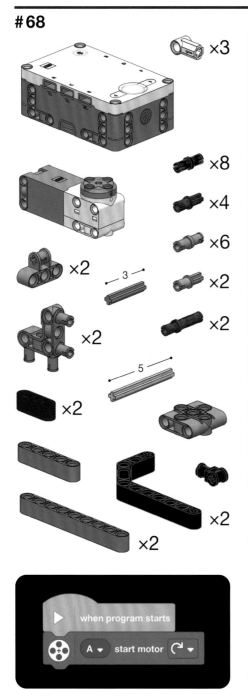

×3

×8

×4

×6

×2

- 3 -

×2

×2

- 5 -

×2

×2

×2

×2

×2

```
when program starts
A ▾  start motor  ↻ ▾
```

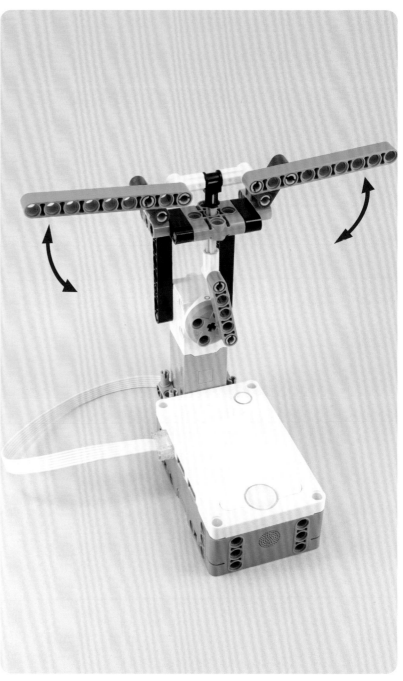

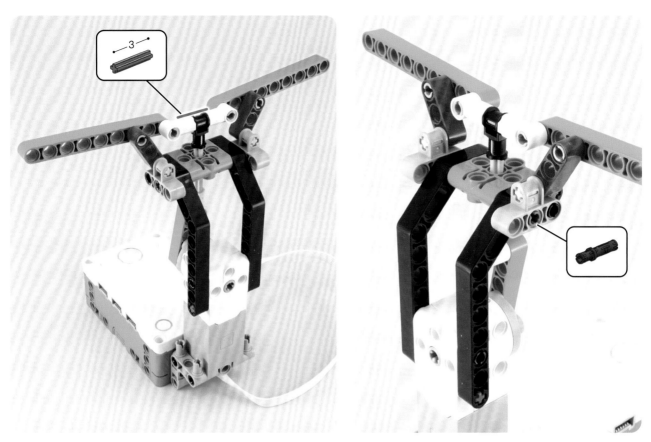

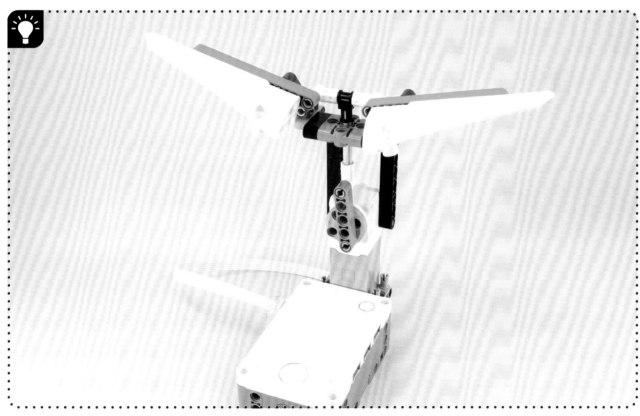

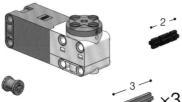

69

×2

×3

 ×18

×2

 ×8

×2

×2

×2

×2

×4

×4

×2

×2

×2

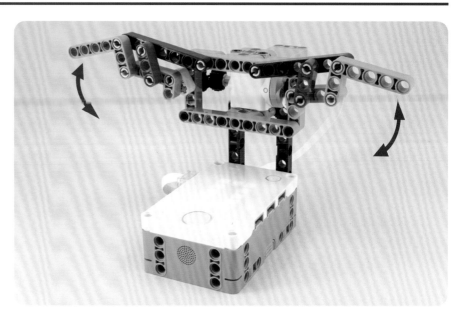

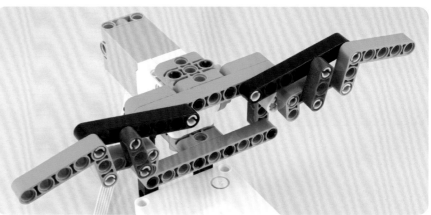

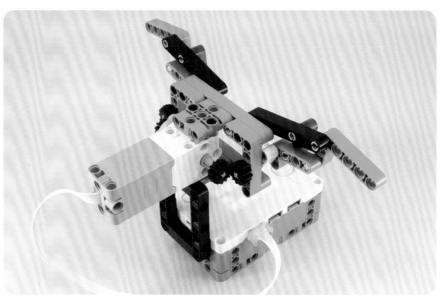

when program starts

A ▾ start motor ↻ ▾

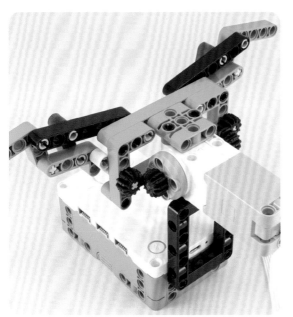

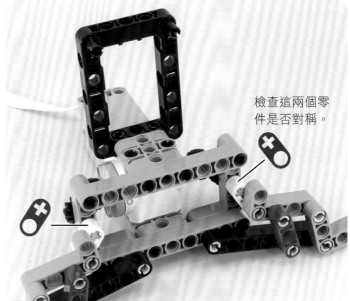

檢查這兩個零件是否對稱。

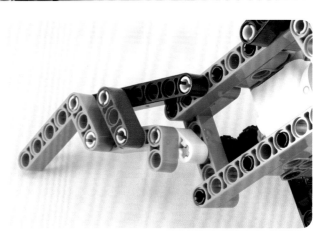

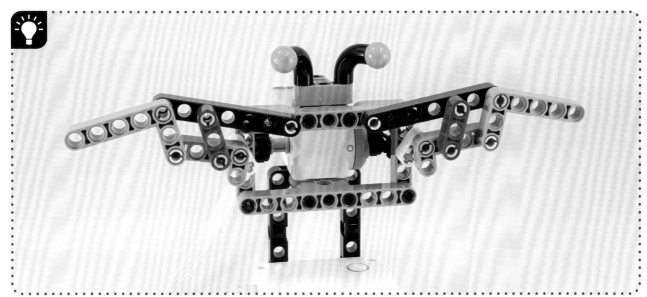

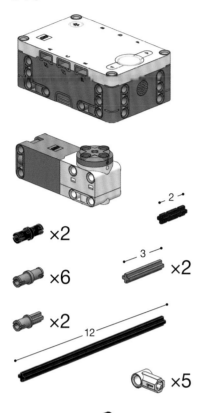

70

×2

2

×2

3

×2

×6

12

×2

×5

×3

×3

×2

```
▶  when program starts
⊕  A ▾  set speed to  50  %
⊕  A ▾  start motor  ↻ ▾
```

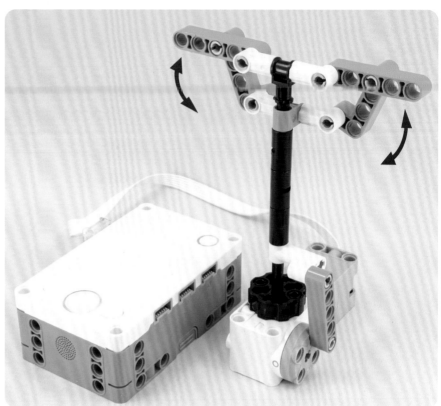

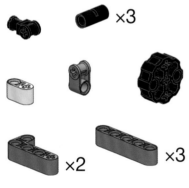

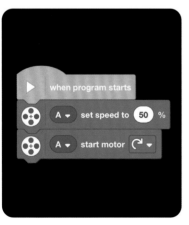

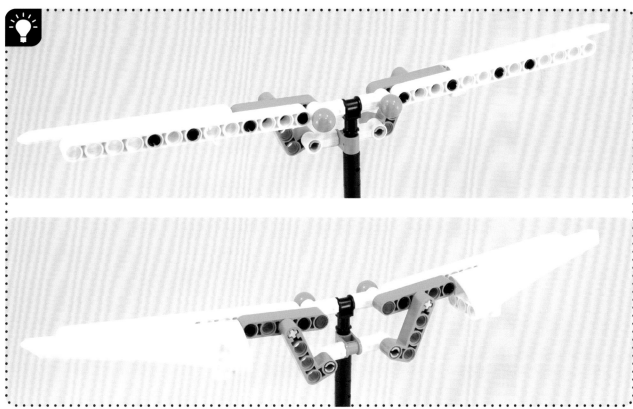

砲彈發射器

×2

×6

5

×2

砲彈發射器

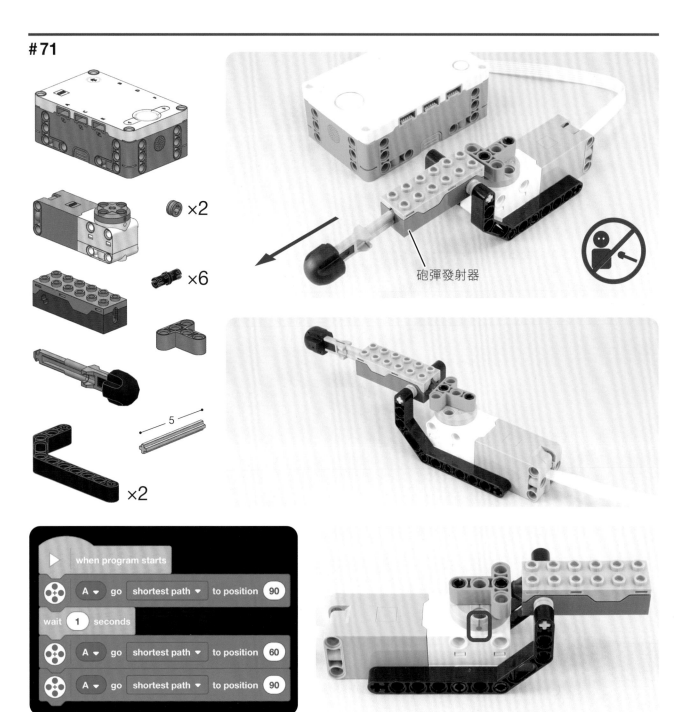

```
when program starts
A ▼  go  shortest path ▼  to position  90
wait  1  seconds
A ▼  go  shortest path ▼  to position  60
A ▼  go  shortest path ▼  to position  90
```

#72

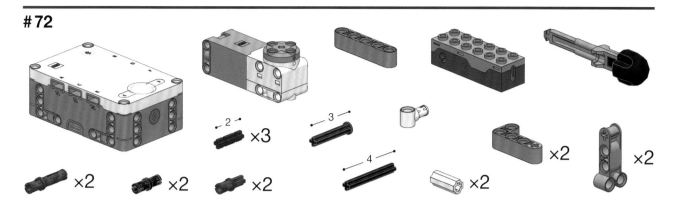

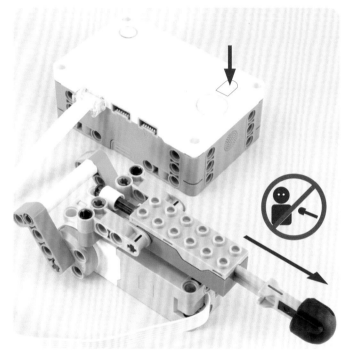

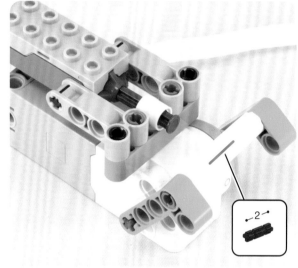

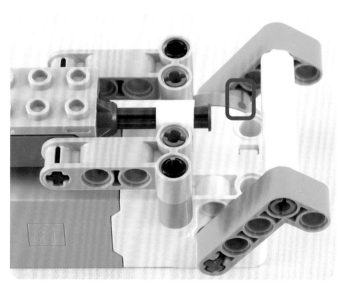

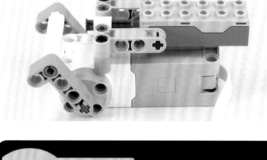

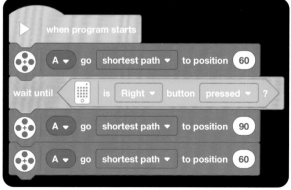

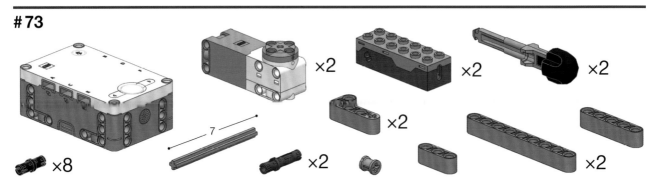

×8   ×2   ×2   ×2   ×2

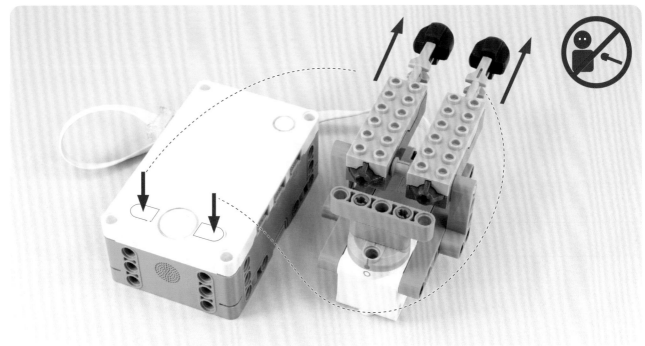

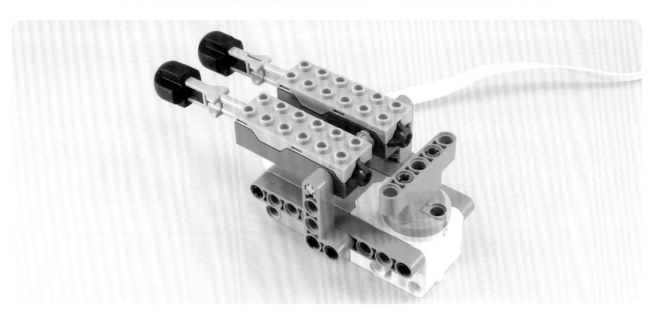

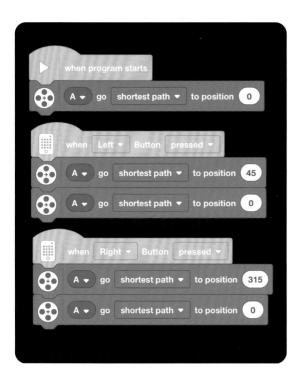

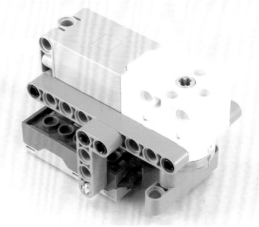

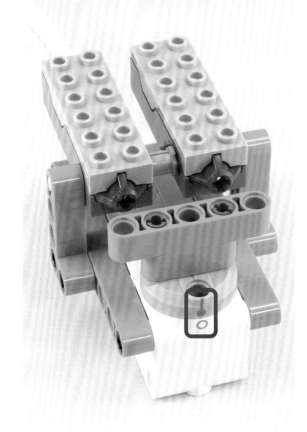

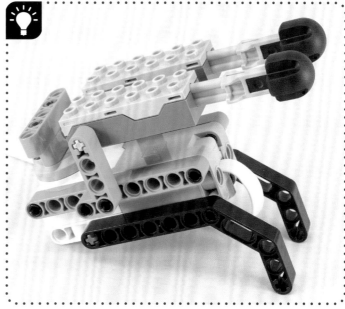

射擊裝置

#74

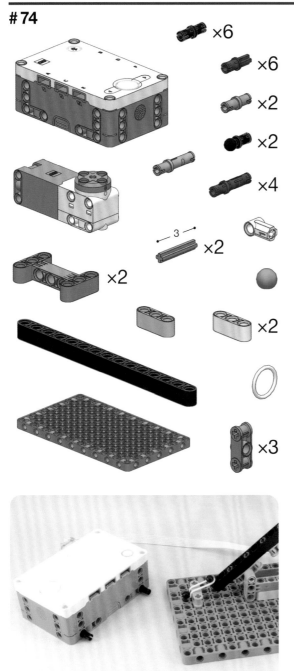

×6
×6
×2
×2
×4
×2
×2
×2
×2
×3

3

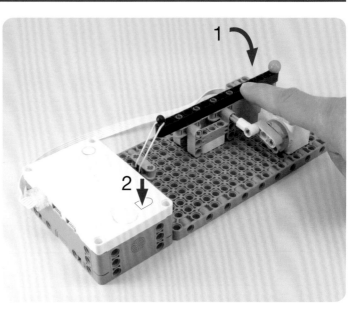

1

2

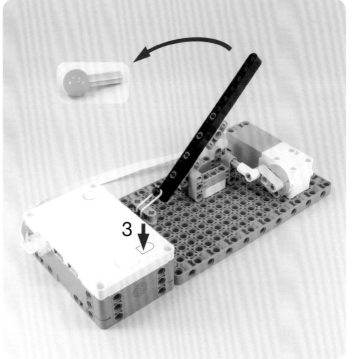

3

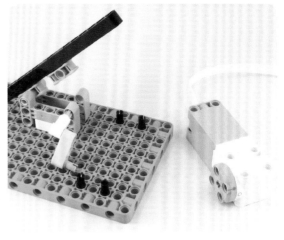

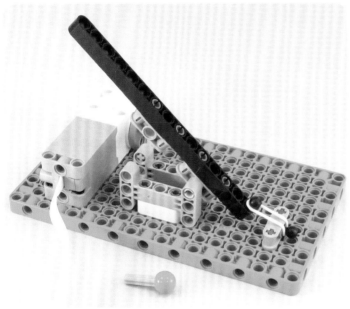

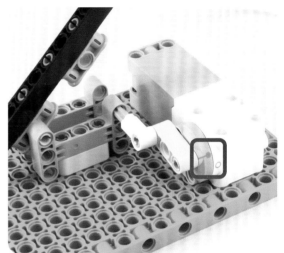

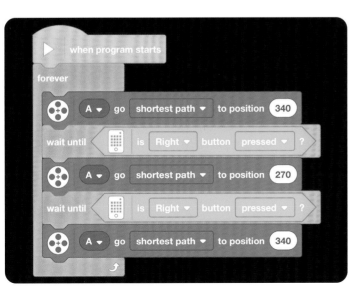

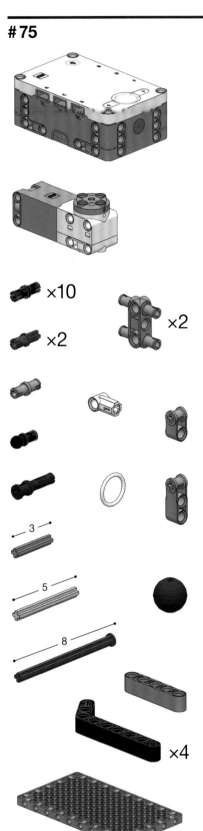

75

×10

×2

×2

3

5

8

×4

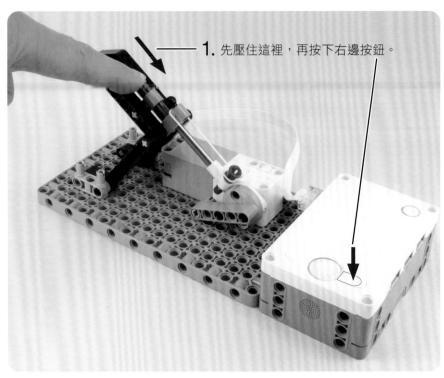

1. 先壓住這裡，再按下右邊按鈕。

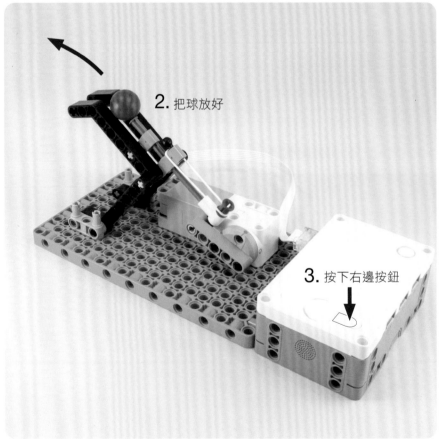

2. 把球放好

3. 按下右邊按鈕

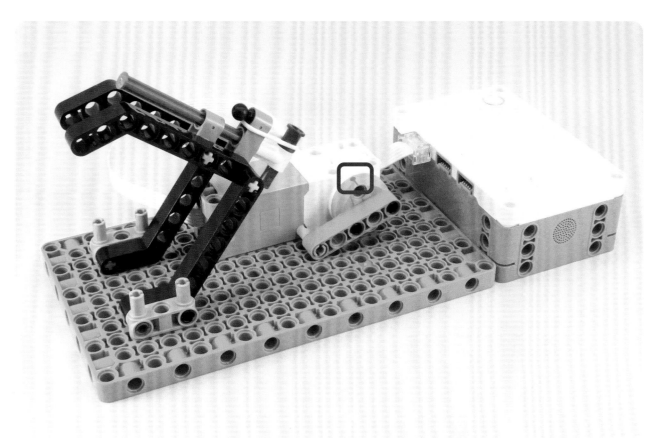

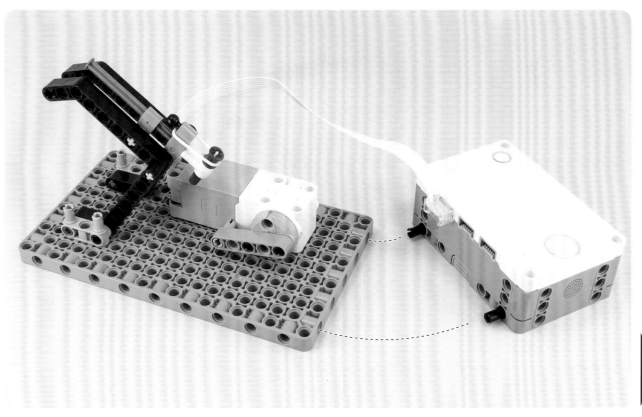

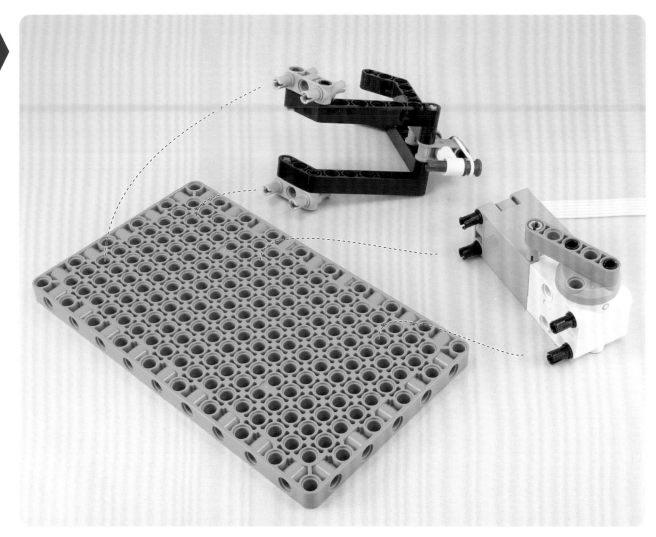

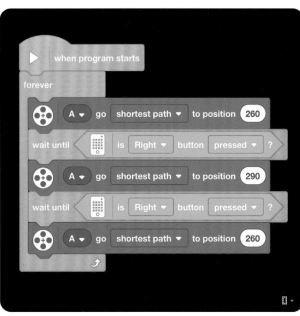

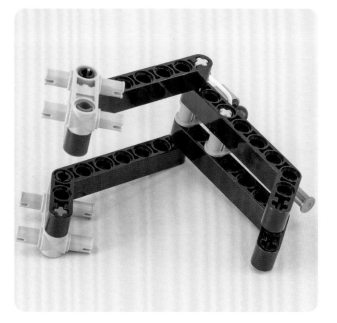

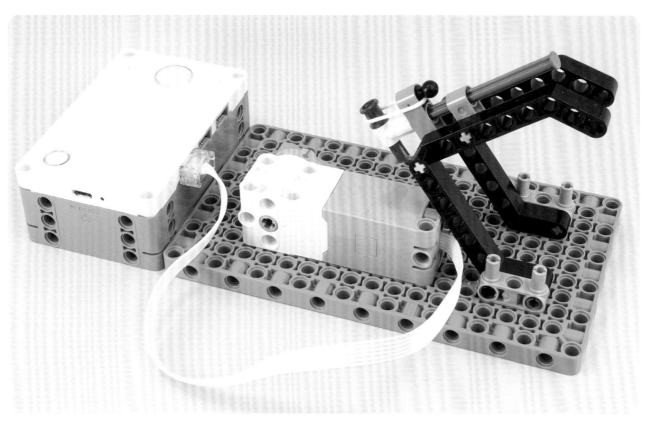

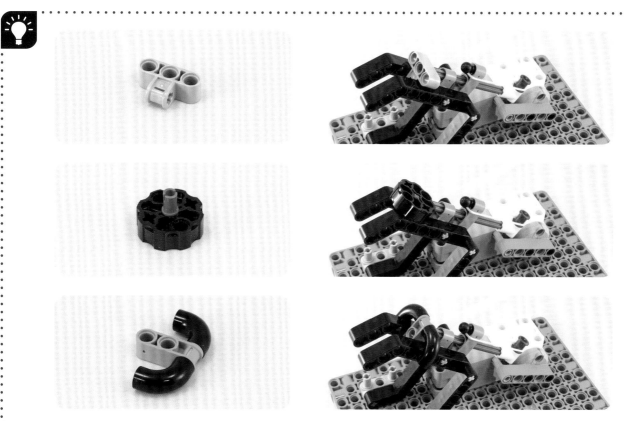

吹風裝置

#76

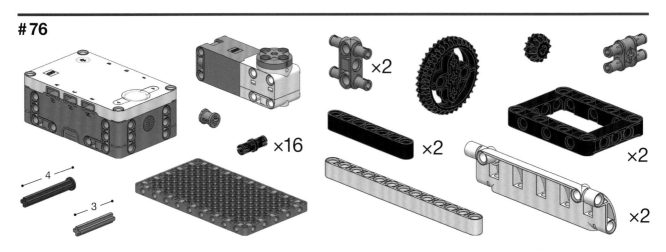

×2 ×16 4 3

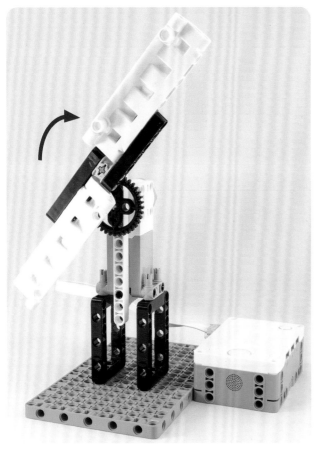

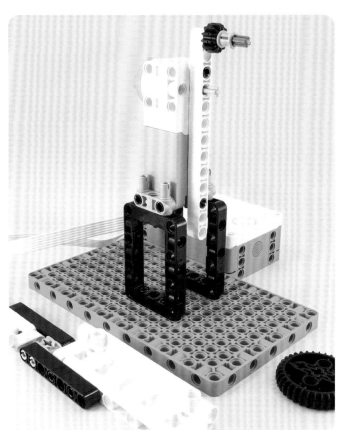

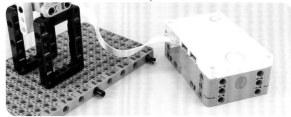

when program starts

A ▾ set speed to 100 %

A ▾ start motor ↻ ▾

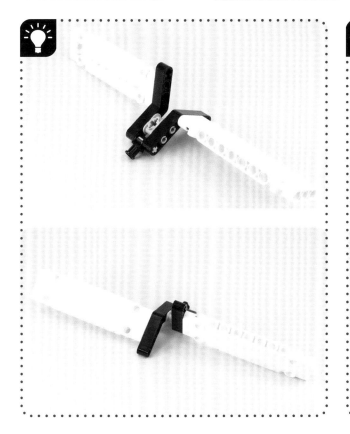

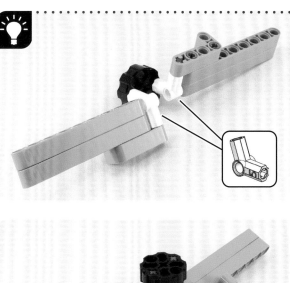

#77

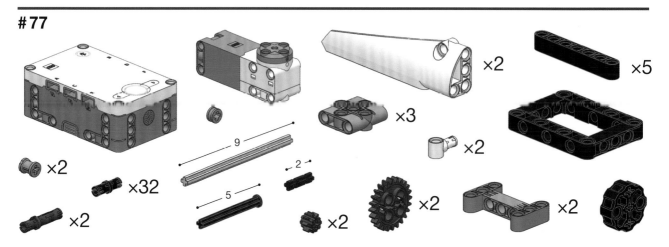

×2 ×32 ×2 9 2 5 ×2 ×3 ×2 ×2 ×5 ×2 ×2

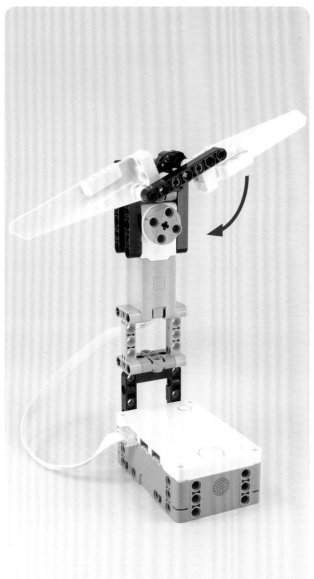

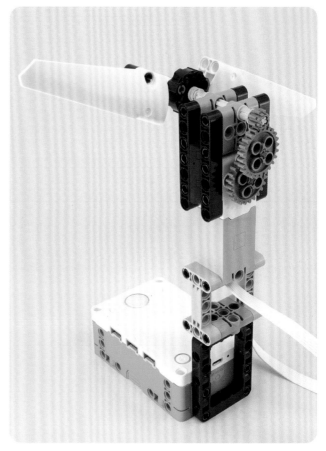

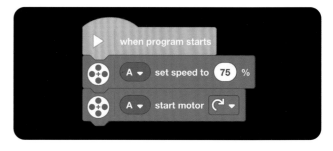

when program starts

A ▾ set speed to 75 %

A ▾ start motor ↻ ▾

128

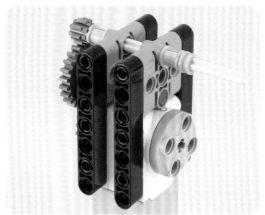

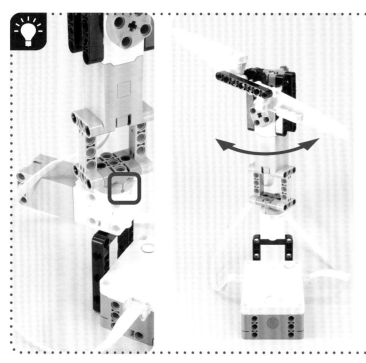

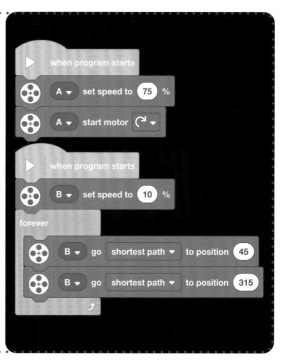

第 4 篇
感測器

距離感測器

78

×7

距離感測器

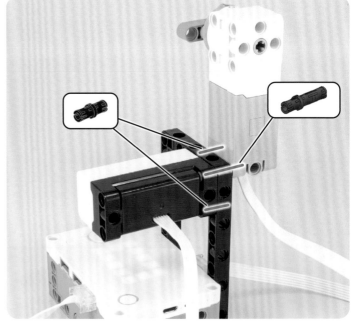

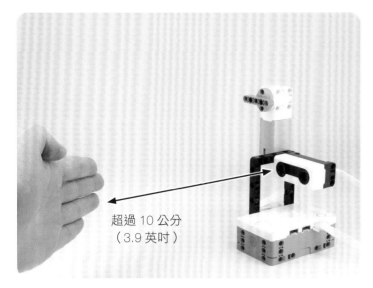

超過 10 公分
（3.9 英吋）

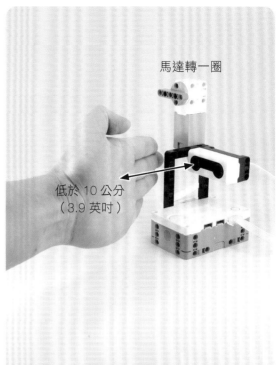

馬達轉一圈

低於 10 公分
（3.9 英吋）

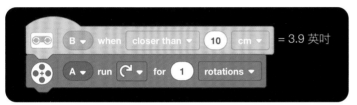

馬達停下來

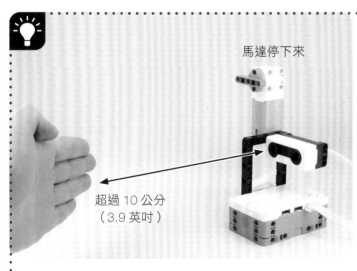

超過 10 公分
（3.9 英吋）

馬達持續轉動

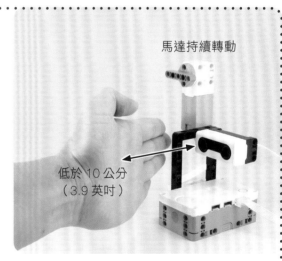

低於 10 公分
（3.9 英吋）

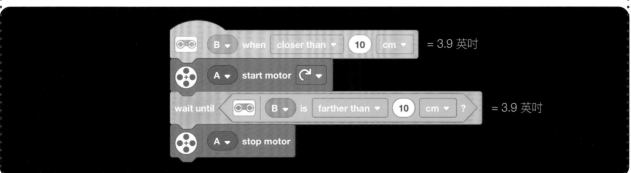

顏色感測器

#79

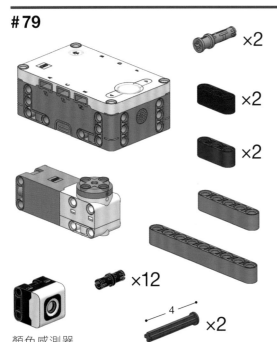

顏色感測器

×2
×2
×2
×12
4 ×2

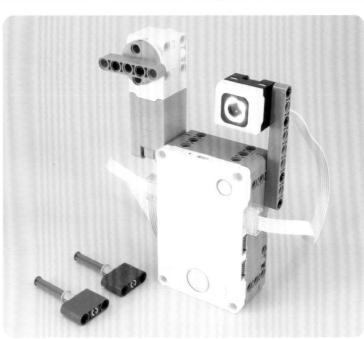

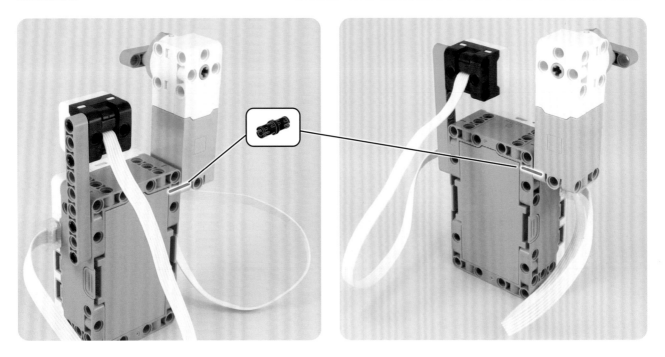

馬達轉動

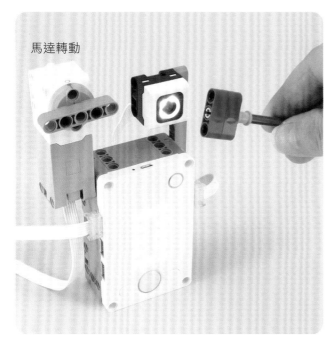

馬達停止

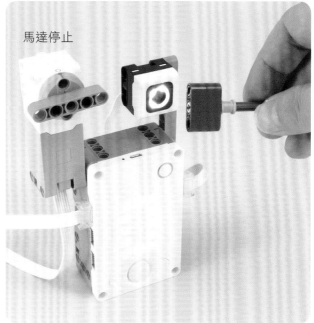

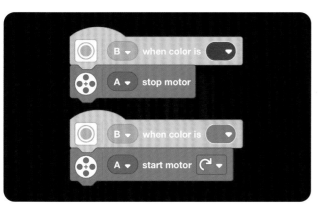

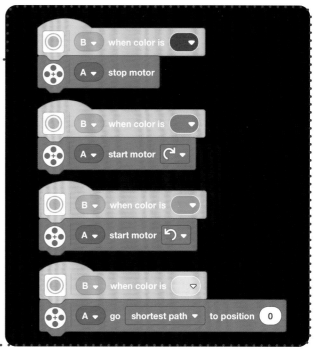

主機的內建感測器

#80

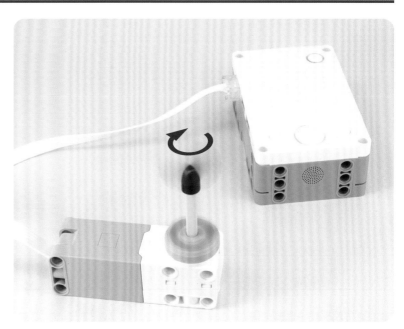

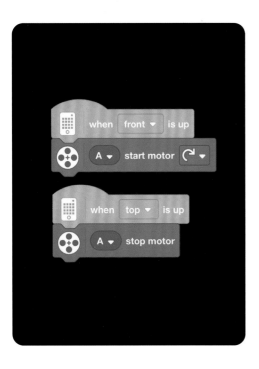

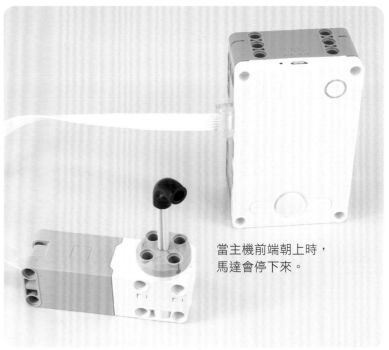

當主機前端朝上時，
馬達會停下來。

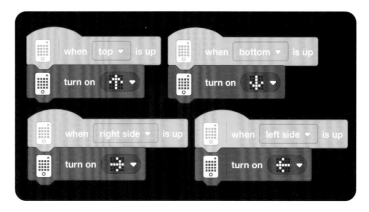

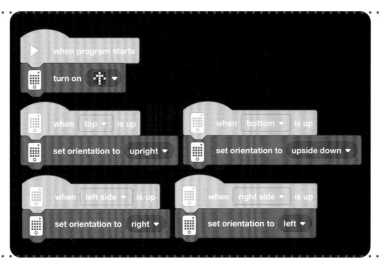

#82

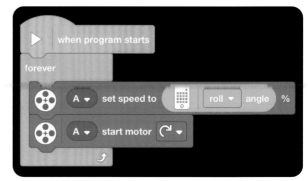

×2

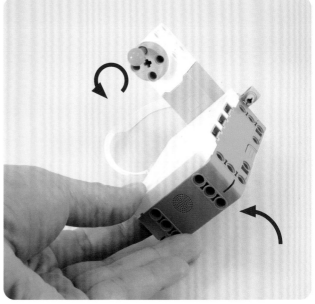

#83

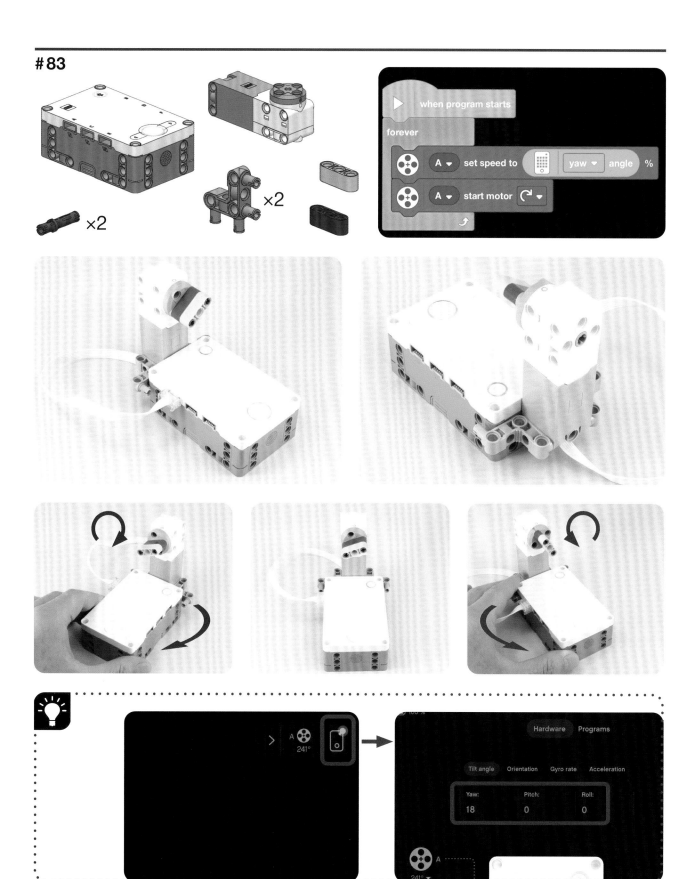

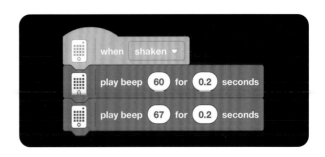

晃晃看！

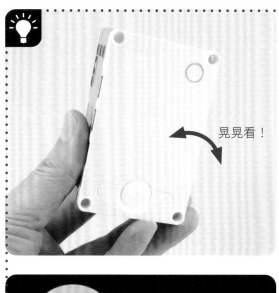

晃晃看！

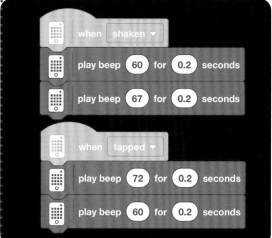

when shaken ▾
play beep 60 for 0.2 seconds
play beep 67 for 0.2 seconds

when tapped ▾
play beep 72 for 0.2 seconds
play beep 60 for 0.2 seconds

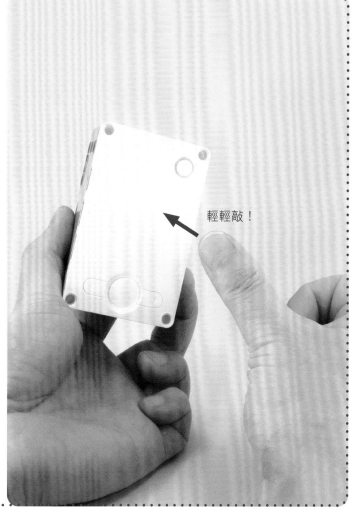

輕輕敲！

讓主機掉在軟墊上。

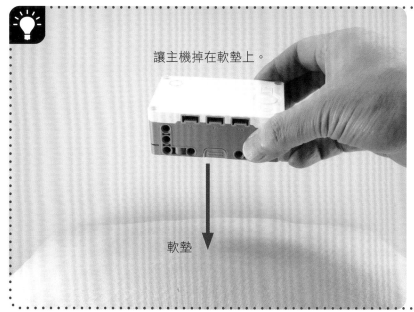

軟墊

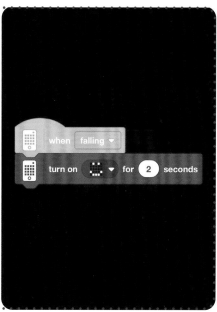

when falling ▾
turn on ▦ ▾ for 2 seconds

有感測器的小車

#85

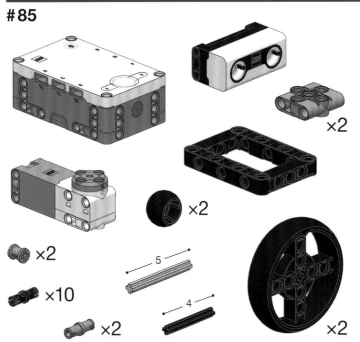

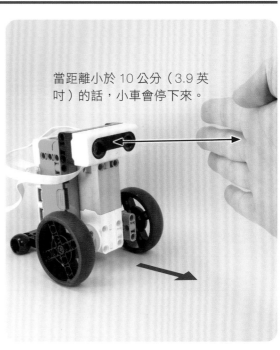

當距離小於 10 公分（3.9 英吋）的話，小車會停下來。

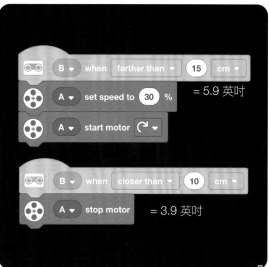

= 5.9 英吋

= 3.9 英吋

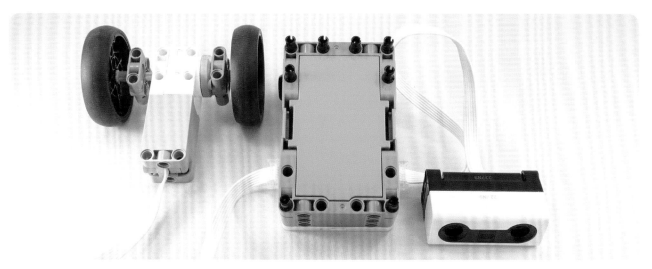

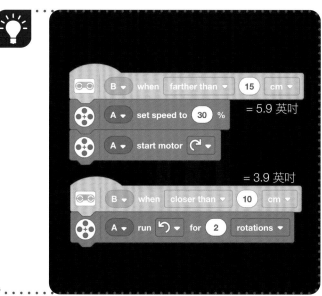

= 5.9 英吋

= 3.9 英吋

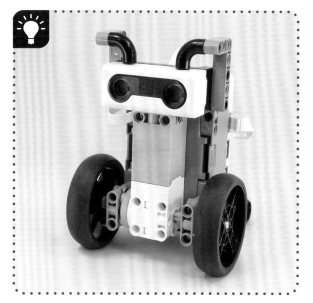

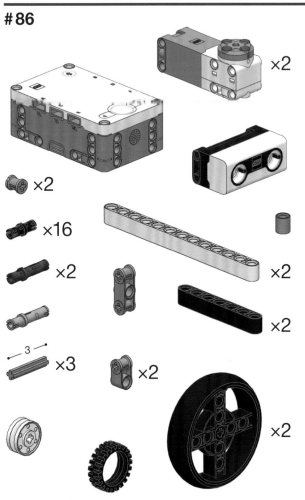

×2

×2

×16

×2

×2

— 3 — ×3

×2

×2

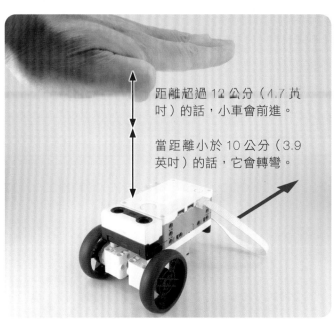

距離超過 12 公分（4.7 英吋）的話，小車會前進。

當距離小於 10 公分（3.9 英吋）的話，它會轉彎。

```
▶ when program starts

⚙ set movement speed to  20  %

⚙ set movement motors to  A+B ▾

⊙ C ▾ when  farther than ▾  12  cm ▾
⚙ start moving  straight: 0         = 4.7 英吋

⊙ C ▾ when  closer than ▾  10  cm ▾
⚙ start moving  left: -100          = 3.9 英吋
```

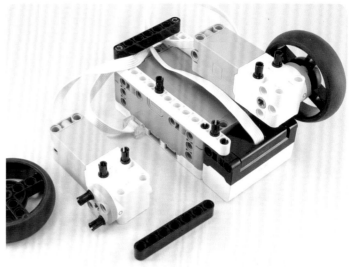

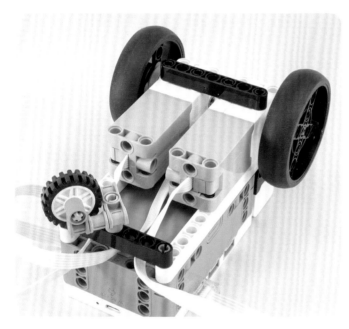

距離超過 20 公分（7.9
英吋）的話，小車會停
下來。當距離在 10 –
20 公分（）之間（3.9
– 7.9 英吋），它會前
進。當距離小於 10 公
分（3.9 英吋）的話，
它會轉彎。

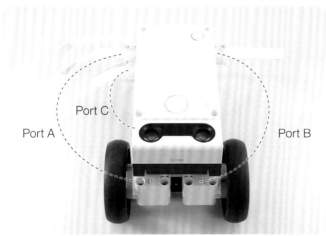

Port C

Port A

Port B

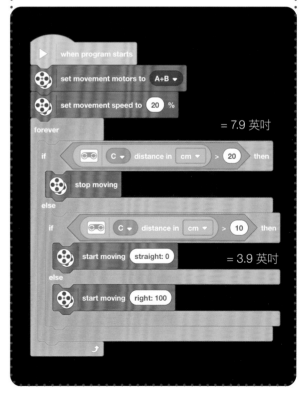

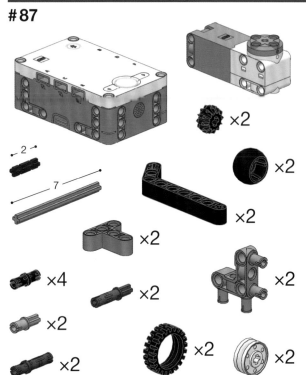

×2

×2

×2

- 2 -

7

×2

×4

×2

×2

×2

×2

×2

×2

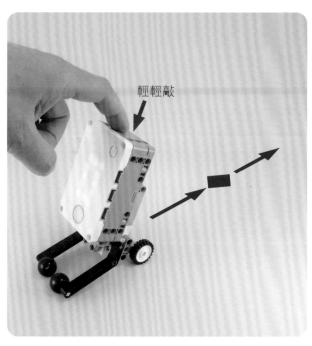

輕輕敲

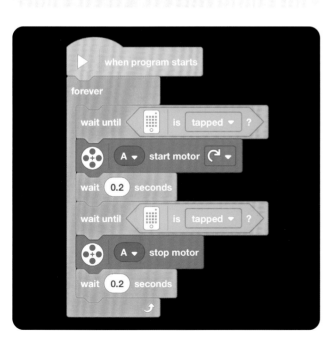

#88

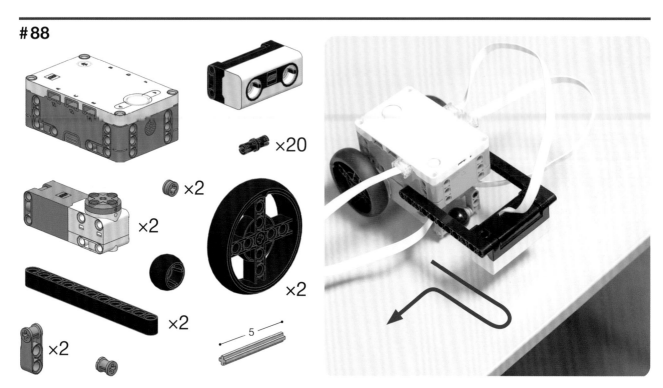

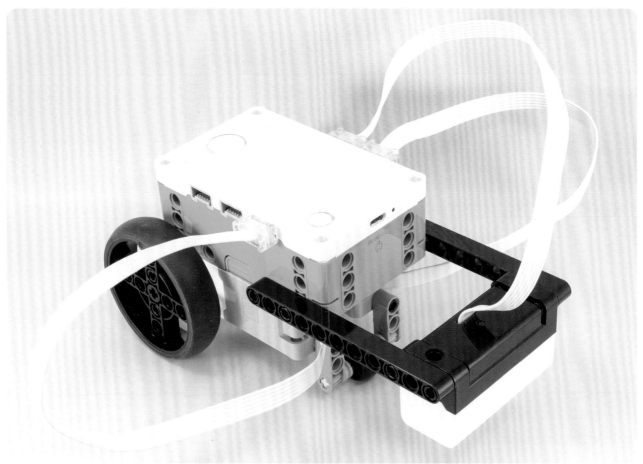

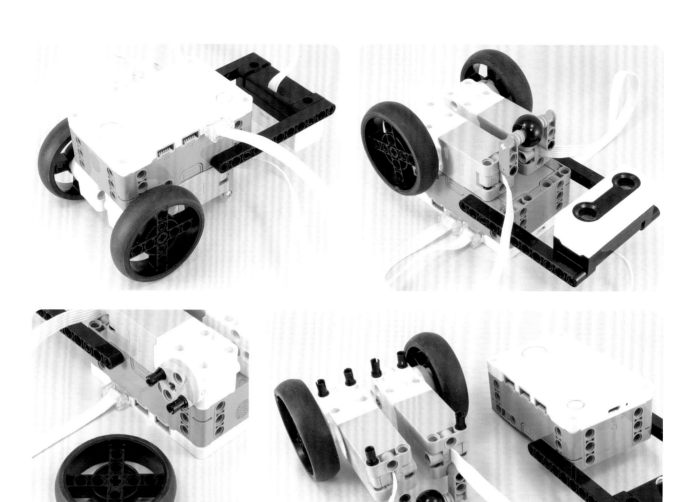

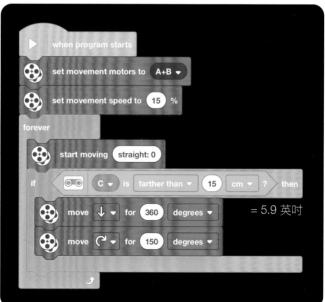

when program starts

set movement motors to A+B ▼

set movement speed to 15 %

forever

start moving straight: 0

if ▢▢ C ▼ is farther than ▼ 15 cm ▼ ? then

move ↓ ▼ for 360 degrees ▼   = 5.9 英吋

move ↻ ▼ for 150 degrees ▼

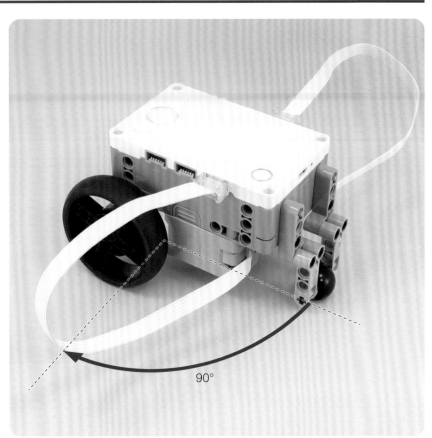

89

×2

×16

×2

×2

4

×2

×2

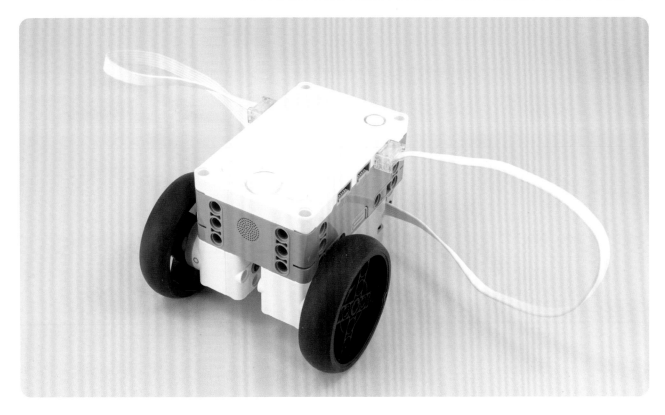

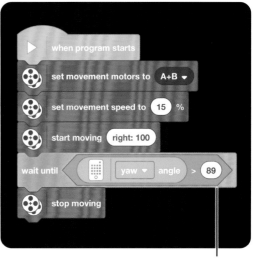

當車身轉動超過 90 度之後，
小車就會停下來。

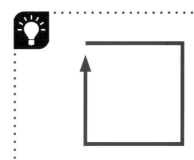

= 3.9 英吋

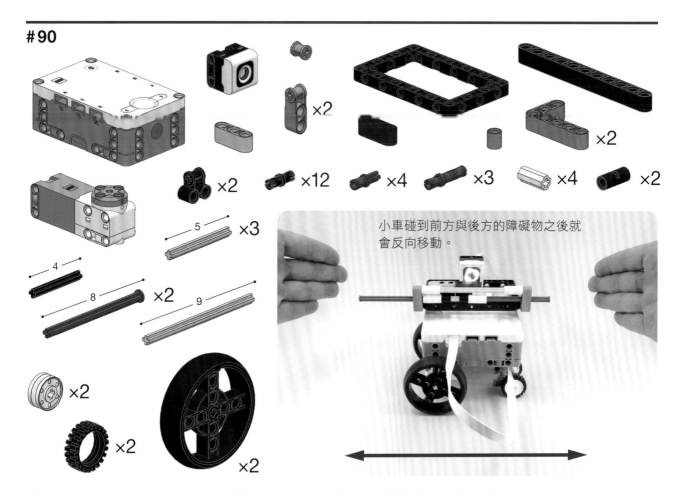

90

×2

5 ×3

4

8 ×2

9

×2

×2

×2

小車碰到前方與後方的障礙物之後就
會反向移動。

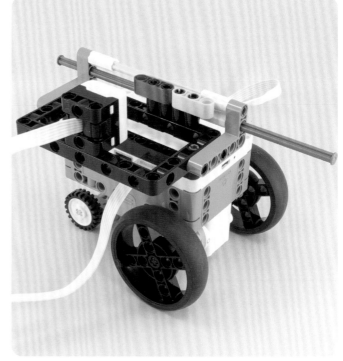

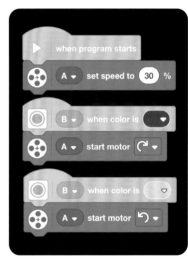

小車會運用兩個馬達來跟著線走：一個馬達控制右邊的輪子，另一個則是負責左邊。

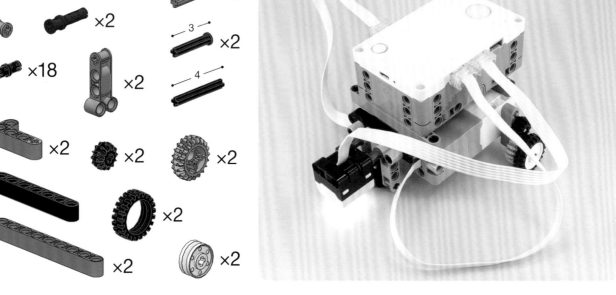

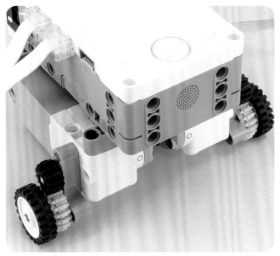

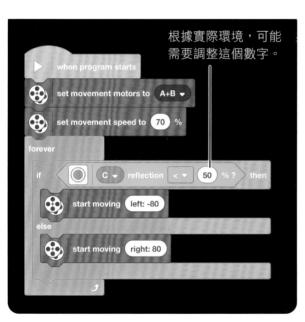

根據實際環境，可能
需要調整這個數字。

這個程式會先把判斷值減掉感測器值之
後，再指定為動作的方向。這樣小車會
走得更順暢。

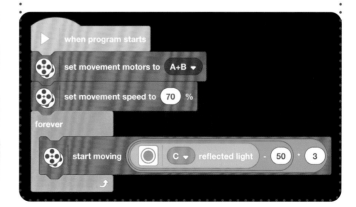

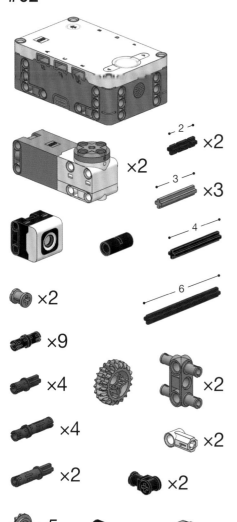

92

×2

×2 2

×3 3

×2

×4 4

×2

6

×9

×4

×2

×4

×2

×2

×2

×5

×2

×5

×2

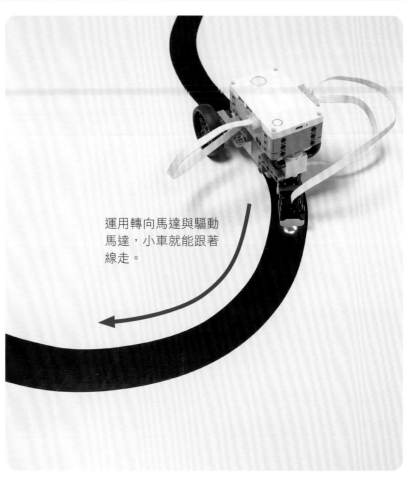

運用轉向馬達與驅動
馬達，小車就能跟著
線走。

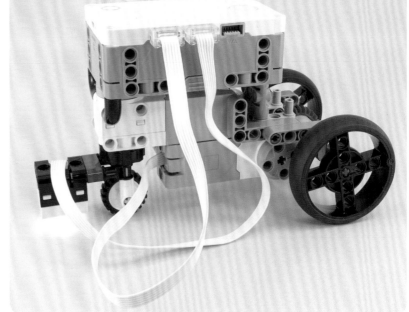

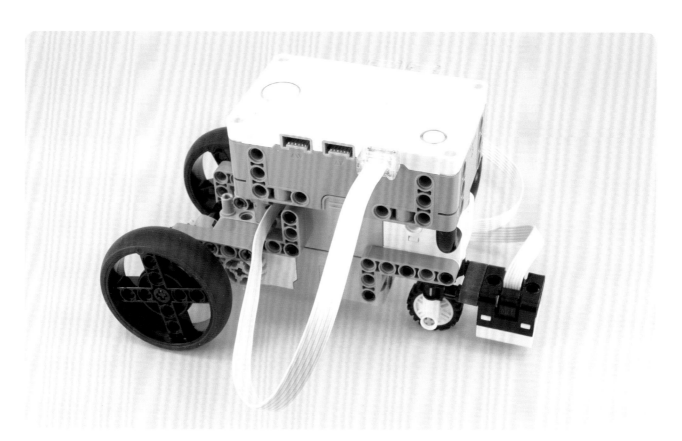

製作差速輪的詳細作法
請參考第 85 頁。

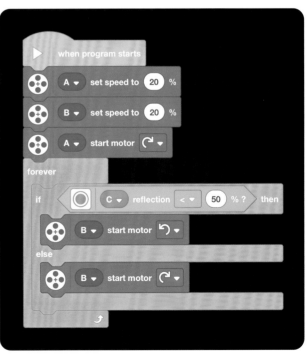

更多感測器的使用方法

#93

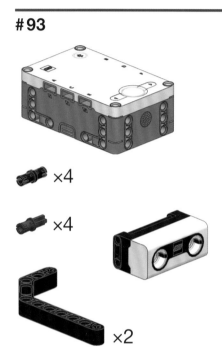

距離愈遠，音高愈低。

距離愈近，音高愈高。

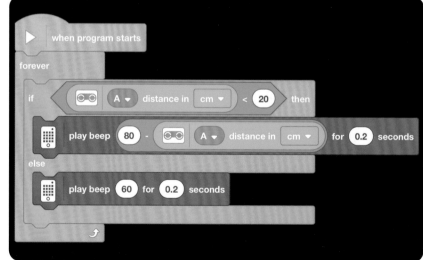

前後左右翻動主機，看看發生什麼
事情。

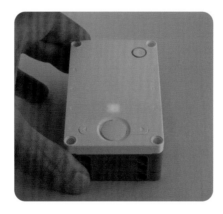

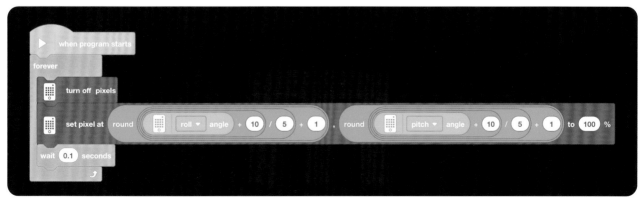

 ×2

 ×26

×2

 ×5

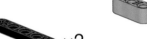 ×2

 ×4

×2

 ×2

 ×2

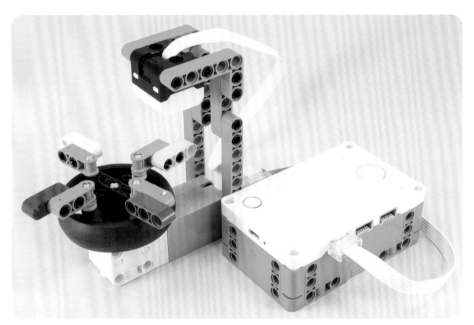

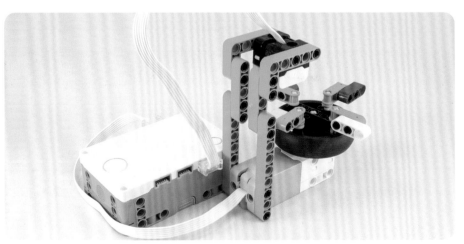

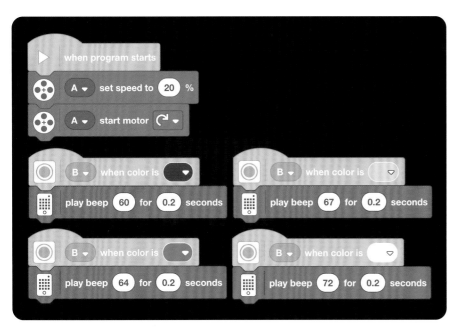

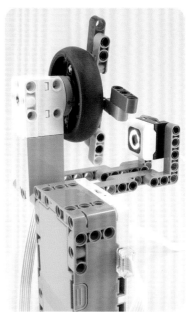

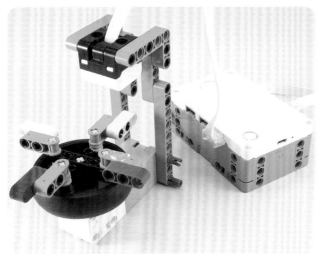

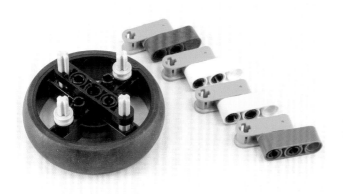

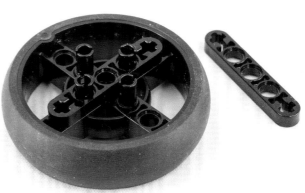

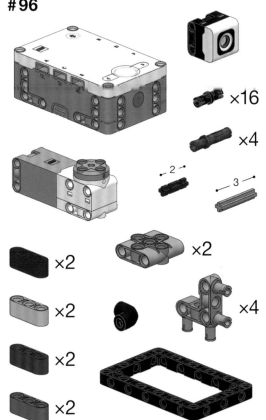

96

×16

×4

2

3

×2

×2

×2

×2

×2

×4

指針的位置代表放
在顏色感測器上方
的零件顏色。

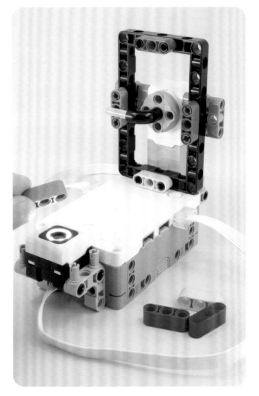

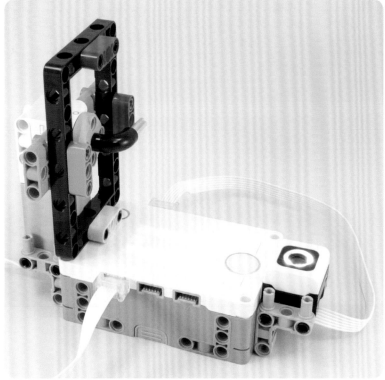

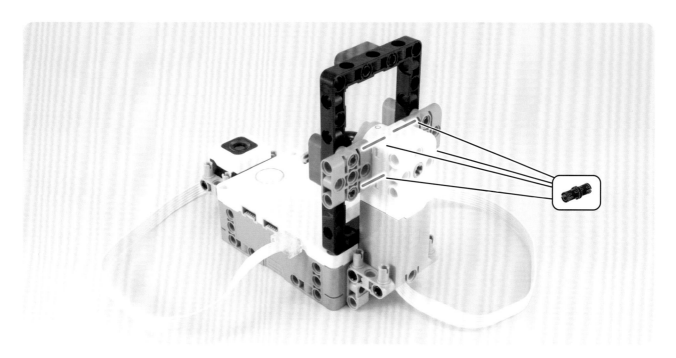

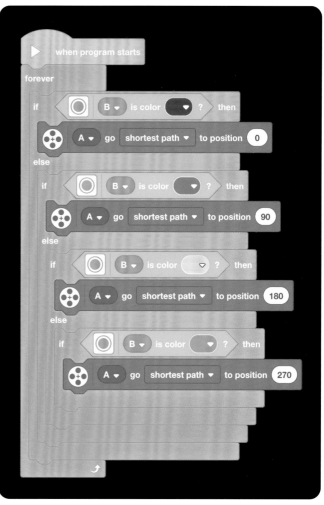

#97

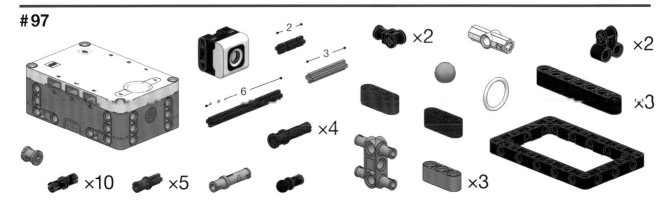

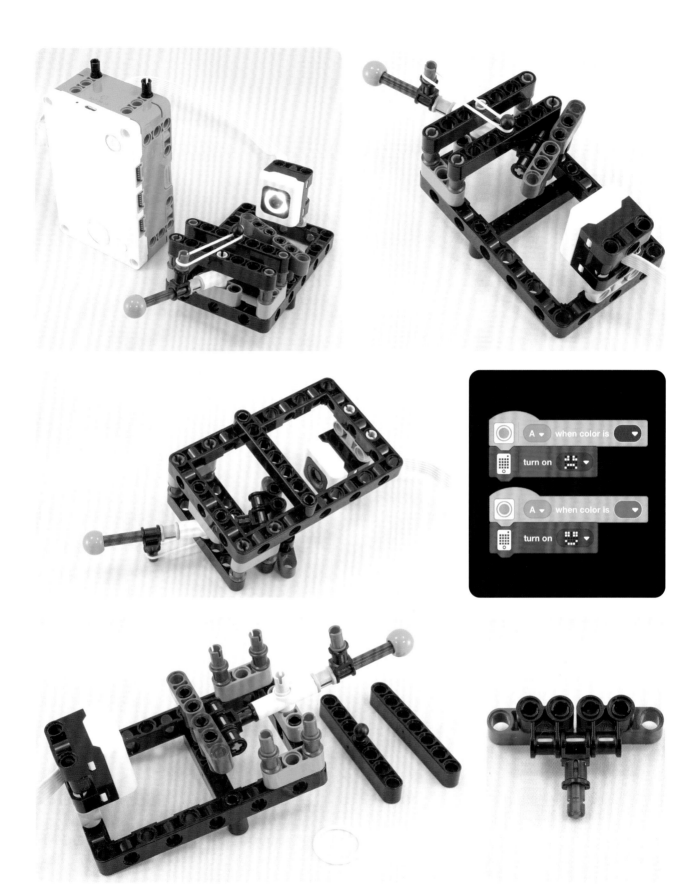

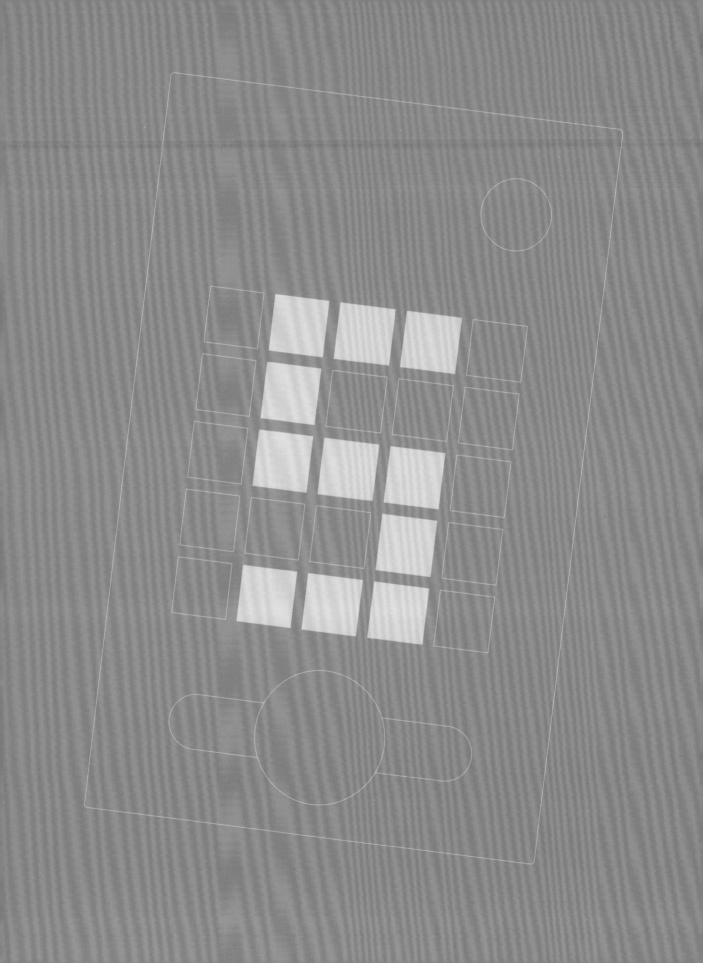

第 5 篇
更多好玩的機構

各種可動機構

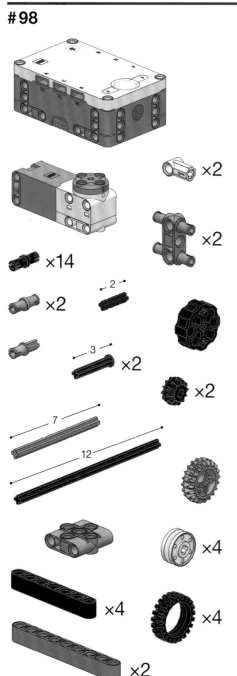

×2

×2

×14

×2

2
×2

×2

×2

3
×2

7

12

×4

×4

×4

×4

×2

動起來好像尺蠖

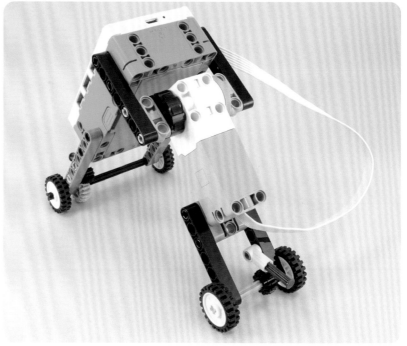

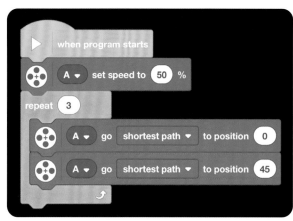

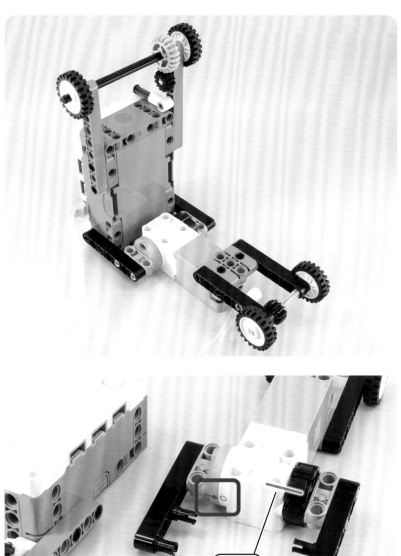

 ×2

 ×2

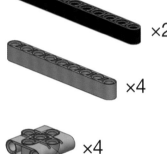 ×4

 ×4

 ×4

 ×28

 ×4

 ×2

這台小車只有兩個輪子，
但是不會跌倒喔！

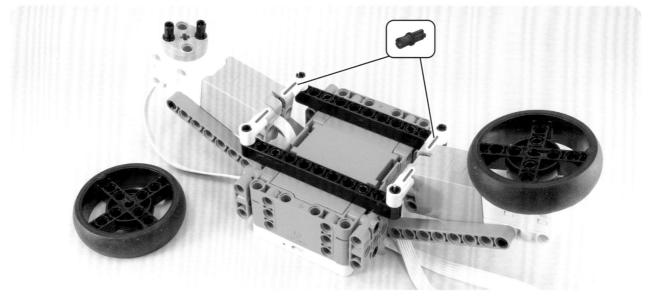

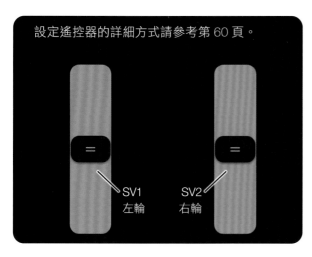

設定遙控器的詳細方式請參考第 60 頁。

SV1
左輪

SV2
右輪

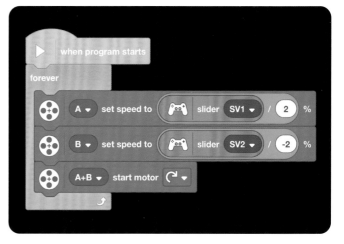

```
▶ when program starts

forever

    A ▾ set speed to    🎮 slider SV1 ▾ / 2 %

    B ▾ set speed to    🎮 slider SV2 ▾ / -2 %

    A+B ▾ start motor ↻ ▾
```

#100

 ×2

 ×32

 ×2

 ×8

 ×4

 ×2

 ×4

 ×4

 ×2

 ×4

×2

 ×8

 ×4

 ×6

×4

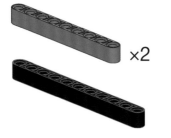 ×2

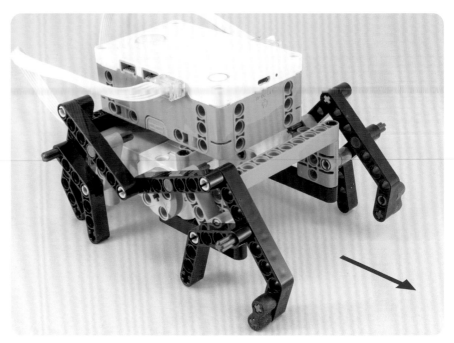

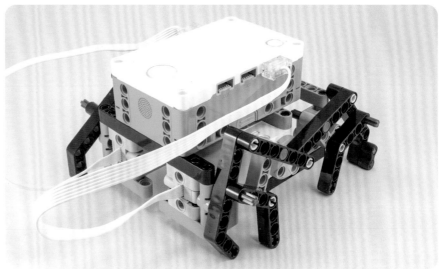

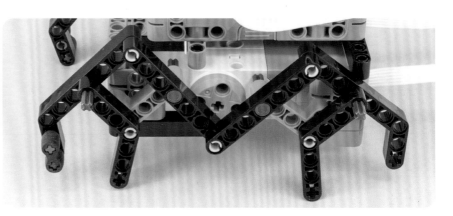

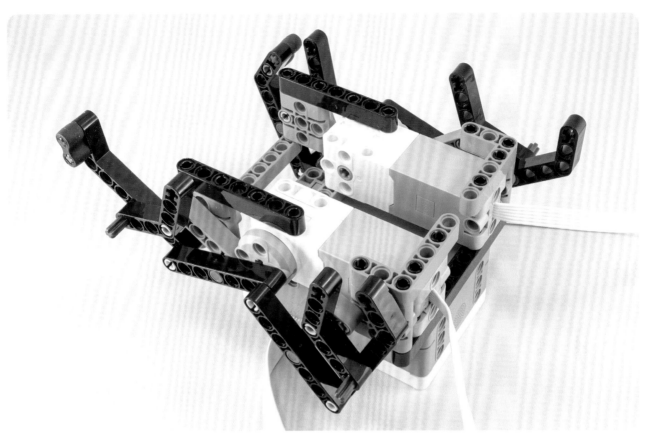

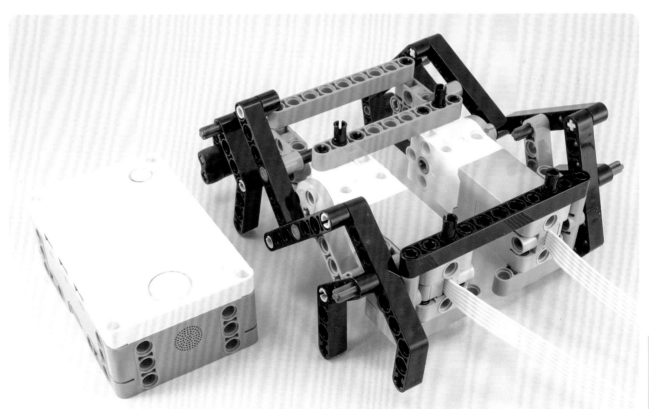

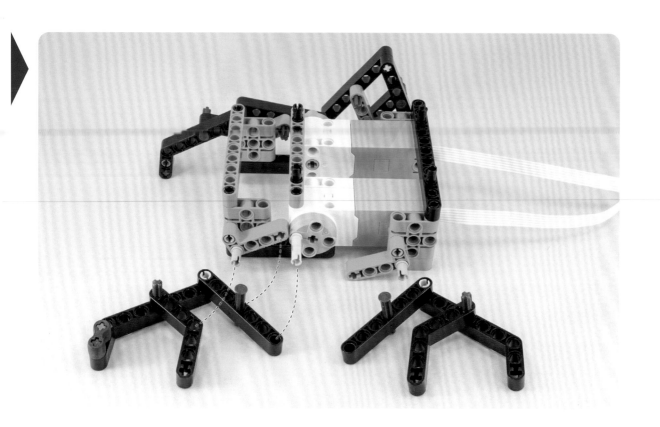

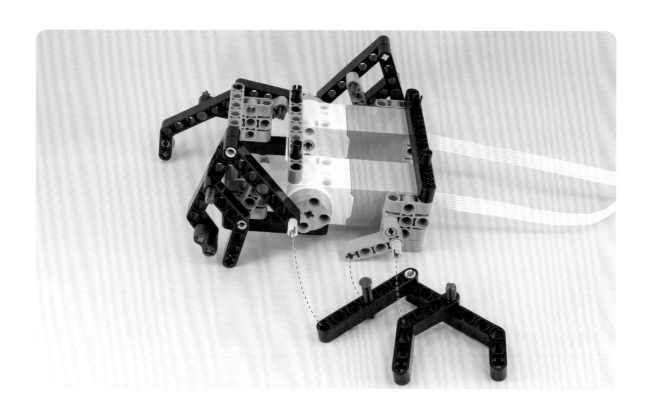

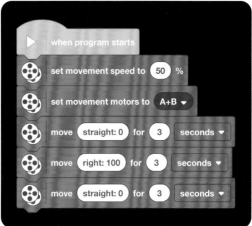

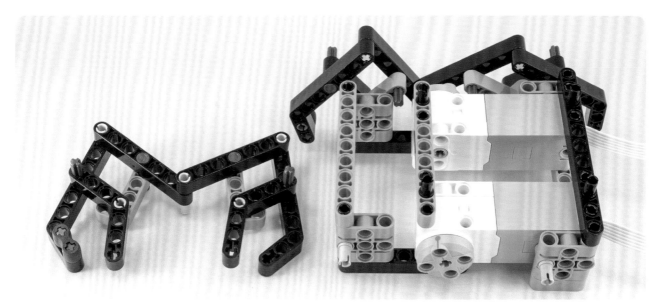

設定遙控器的詳細方式請參考第 60 頁。

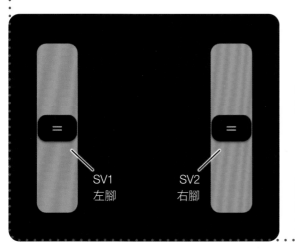

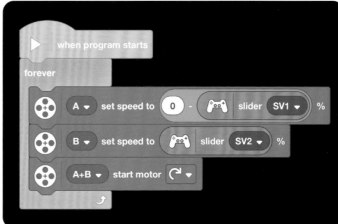

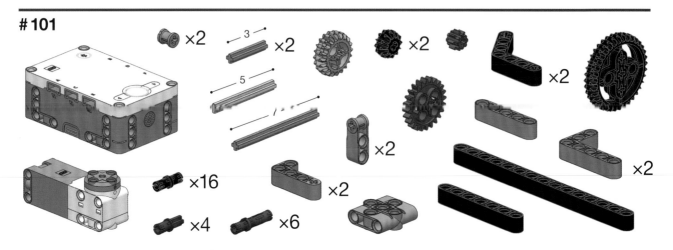

透過震動來移動

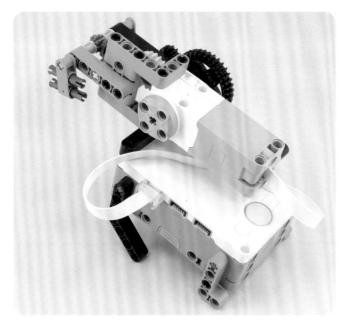

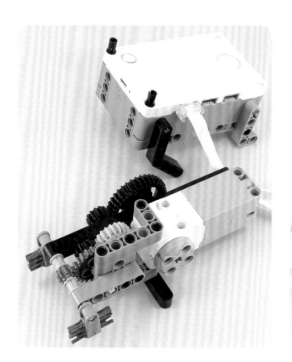

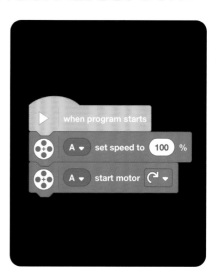

102

4

5

×14

×6

×4

×2

×2

×2

×2

×2

×3

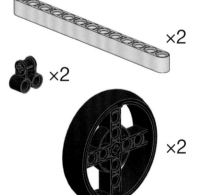
×2

×2

×2

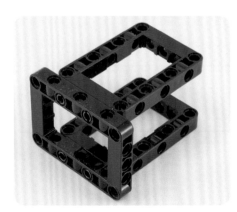

4

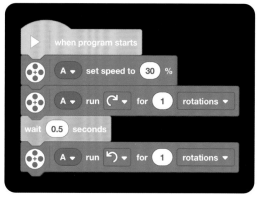

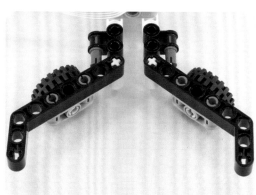

when program starts

A ▾ set speed to 30 %

A ▾ run ↻ ▾ for 1 rotations ▾

wait 0.5 seconds

A ▾ run ↺ ▾ for 1 rotations ▾

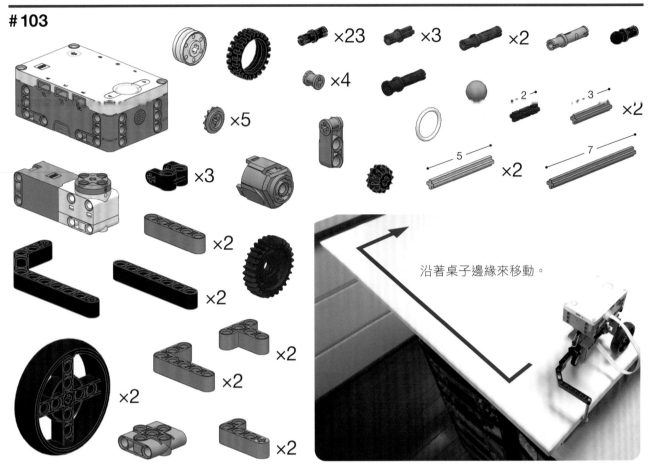

103

×23 ×3 ×2

×4

×5

×3

×2

×2

×2

×2

×2

×2

×2

×2

2

3

×2

5 ×2

7

沿著桌子邊緣來移動。

這顆球要貼著桌子邊緣放好。

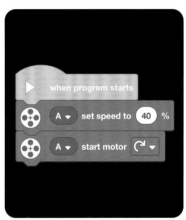

```
when program starts
A ▾  set speed to  40  %
A ▾  start motor  ↻ ▾
```

製作差速輪的詳細方法
請參考第 85 頁。

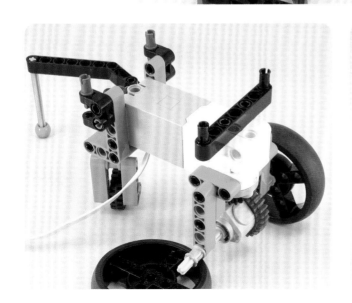

#104

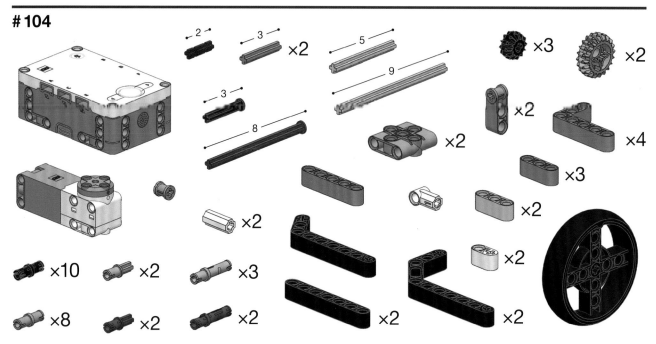

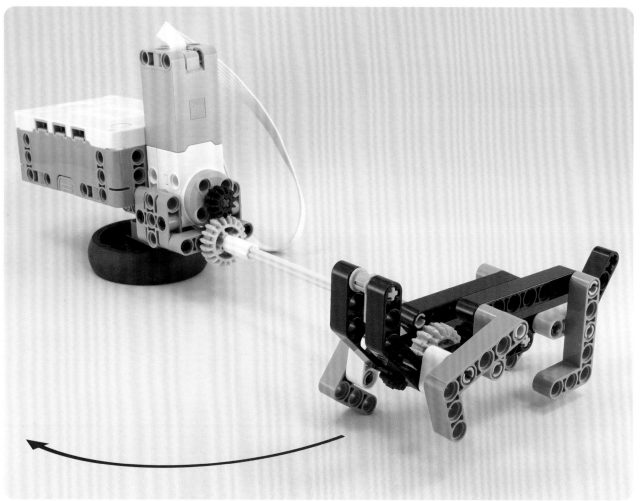

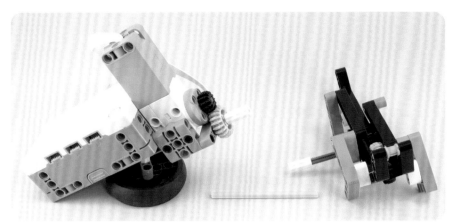

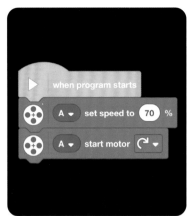

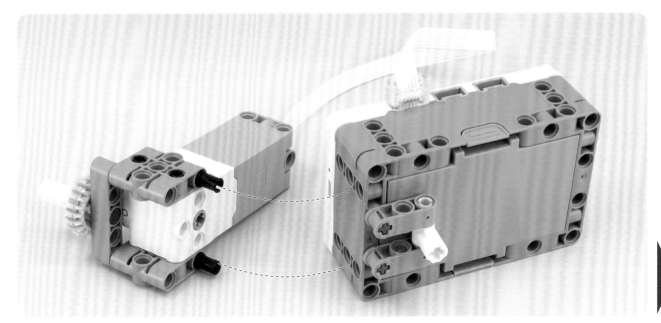

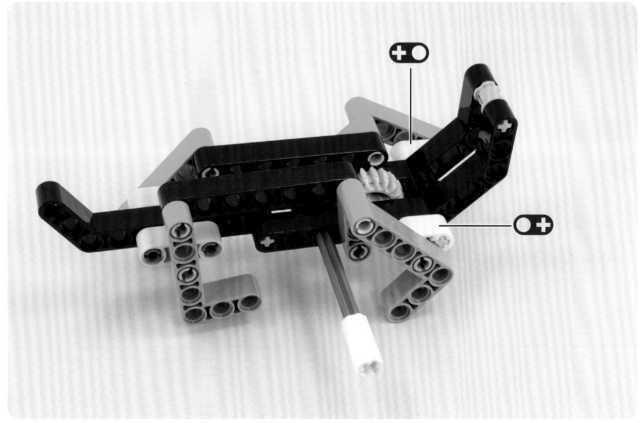

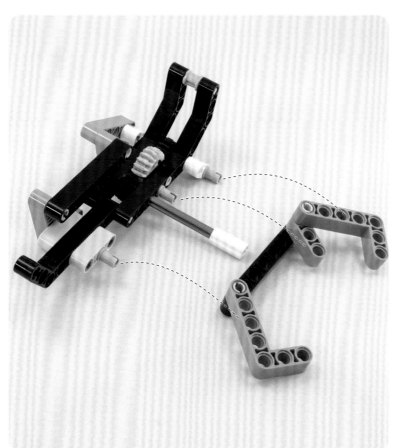

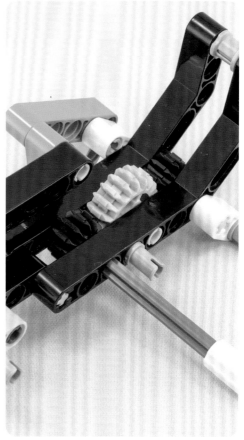

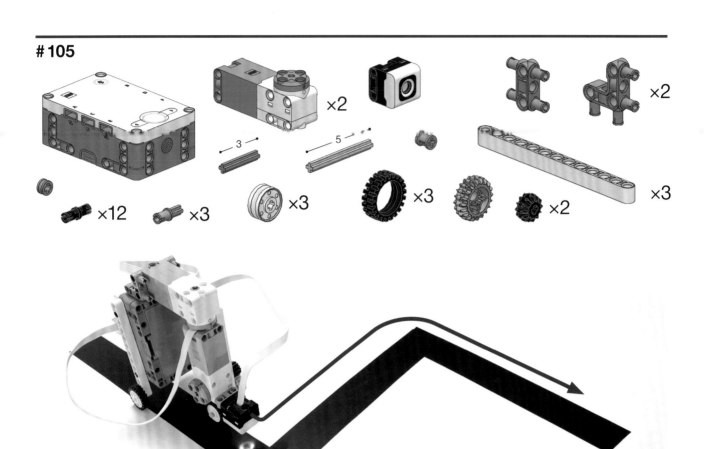

105

×2

3

5

×2

×12 ×3 ×3 ×3 ×3 ×2 ×3

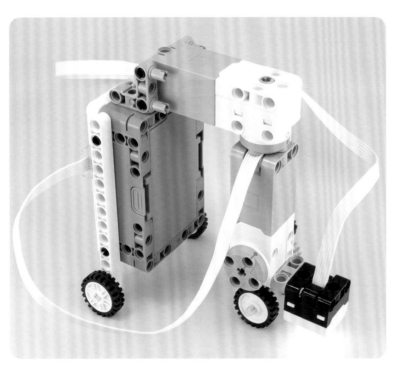

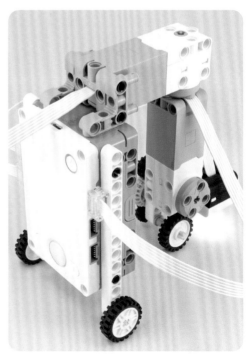

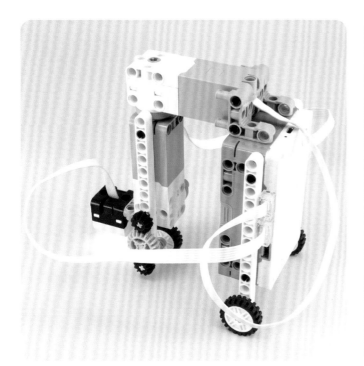

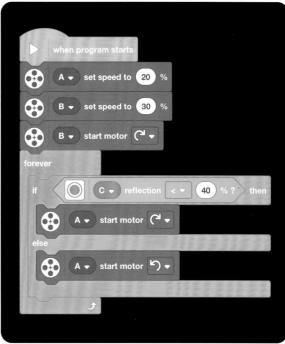

#106

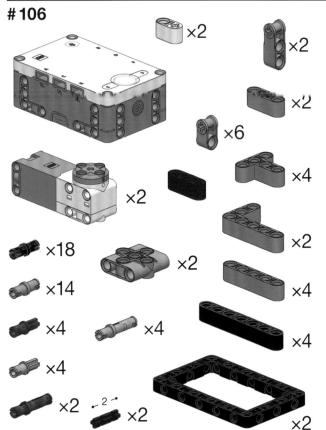

×2
×2
×2
×6
×2
×2
×4
×4
×2
×4
×4
×18
×14
×4
×4
×4
×2
2 ×2
×2

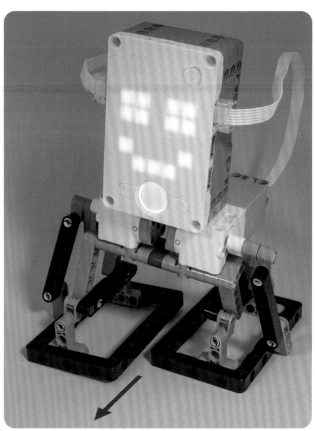

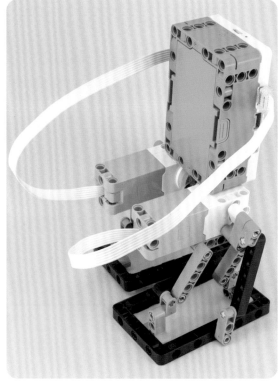

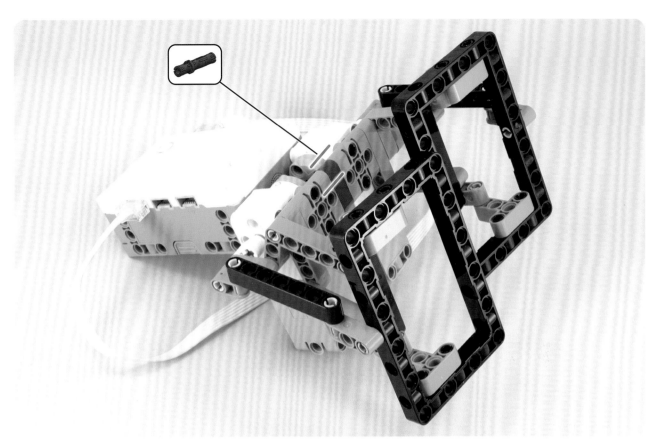

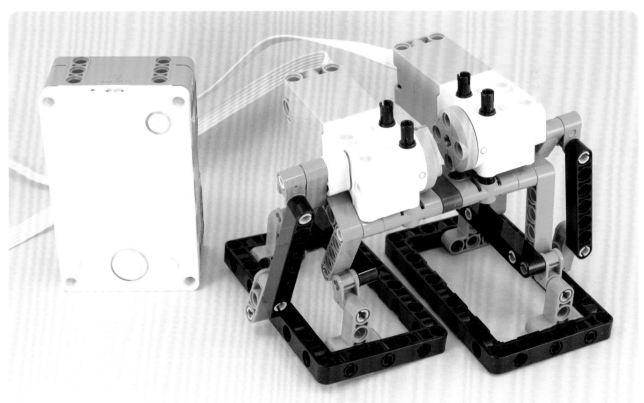

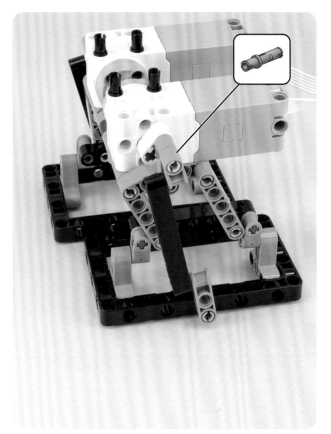

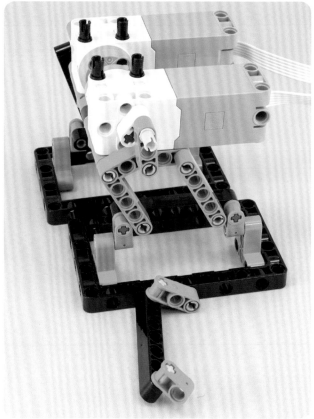

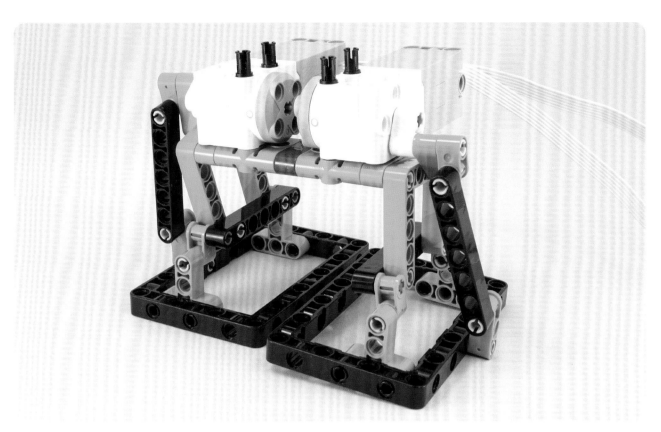

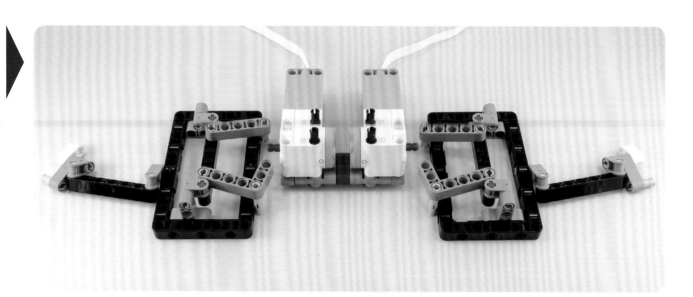

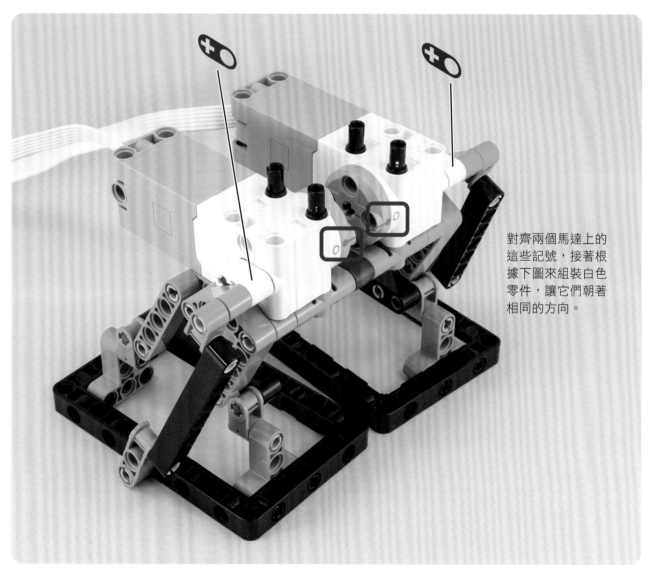

對齊兩個馬達上的這些記號，接著根據下圖來組裝白色零件，讓它們朝著相同的方向。

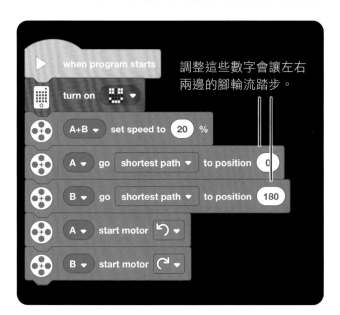

調整這些數字會讓左右
兩邊的腳輪流踏步。

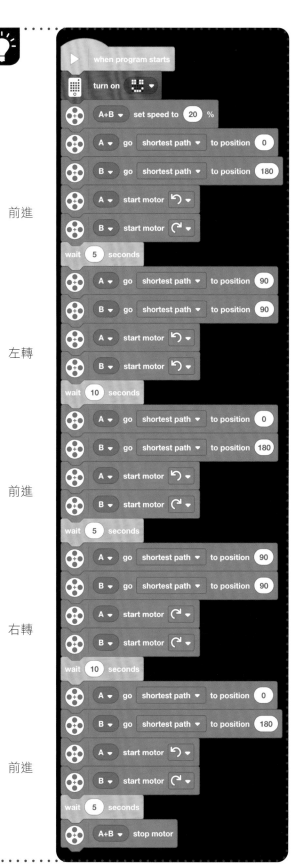

前進

左轉

前進

右轉

前進

陀螺

107

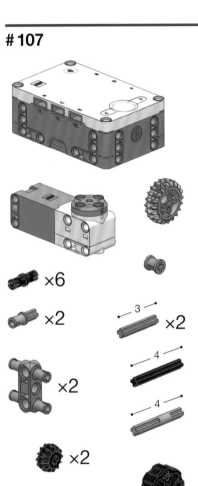

把裝置豎起來、啟動程式，再把陀螺插好。

用手扶住陀螺，再把整個裝置放下來。

2 秒鐘之後會開始旋轉。

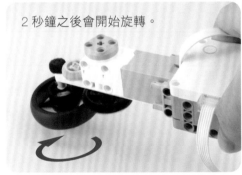

陀螺穩定旋轉之後，放開它。再把裝置豎直，馬達就會停下來。

×6

×2

×2

— 3 — ×2

— 4 —

— 4 —

×2

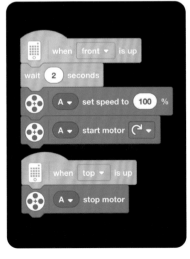

```
when  front ▾  is up

wait  2  seconds

A ▾  set speed to  100 %

A ▾  start motor  ↻ ▾

when  top ▾  is up

A ▾  stop motor
```

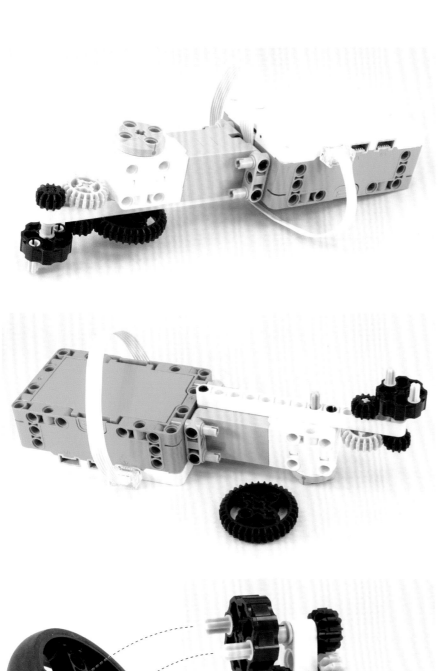

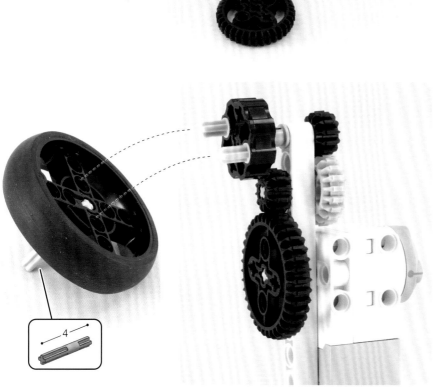

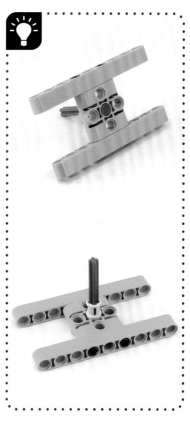

4

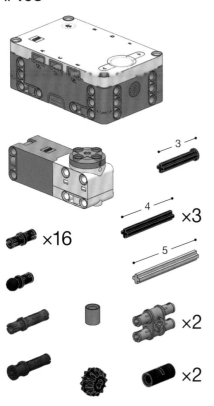

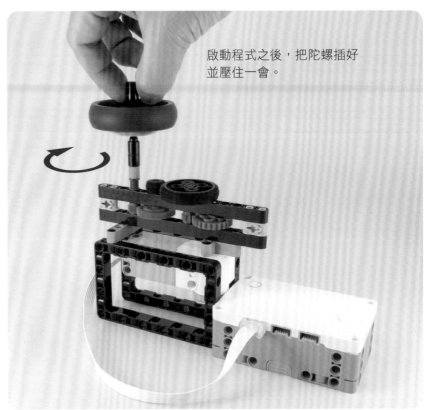

108

啟動程式之後,把陀螺插好
並壓住一會。

×16

×3

×2

×2

×2

×2

×2

×2

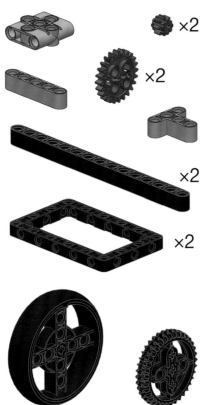

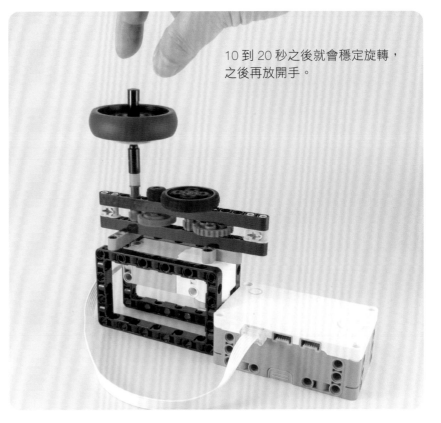

10 到 20 秒之後就會穩定旋轉,
之後再放開手。

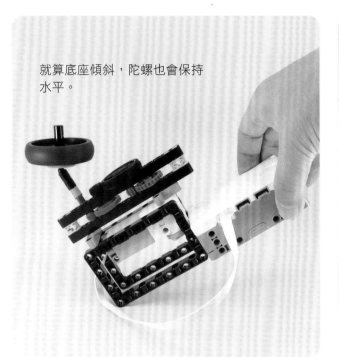

就算底座傾斜，陀螺也會保持
水平。

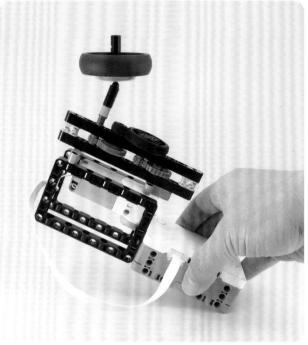

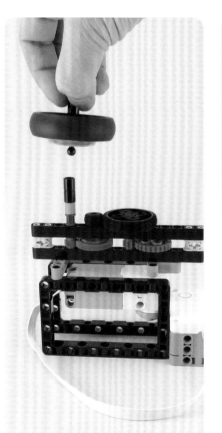

把陀螺拿起來，它還是會繼續
旋轉。

即便像這樣把陀螺弄斜，它
不會倒下。

陀螺會慢慢回到原本的
位置。

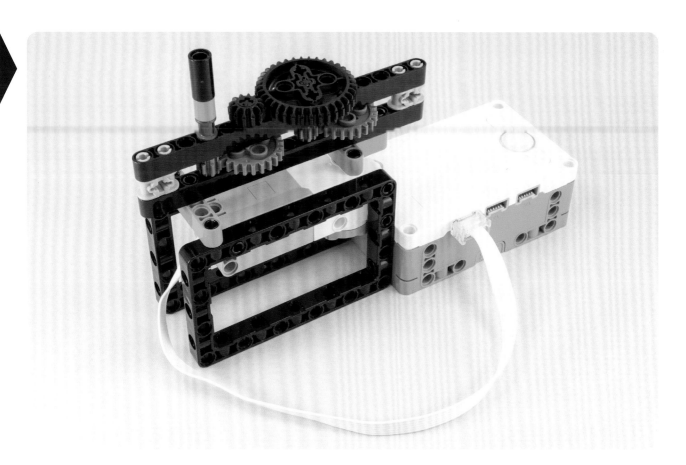

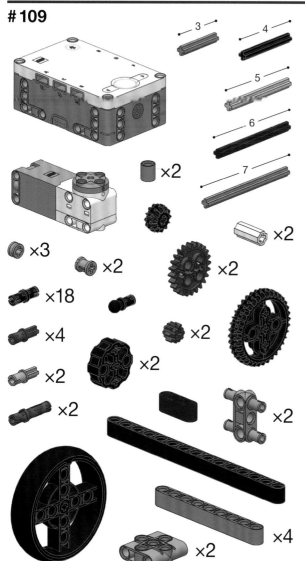

109

3
4
5
6
7

×2

×3

×2

×18

×4

×2

×2

×2

×2

×2

×2

×2

×4

×2

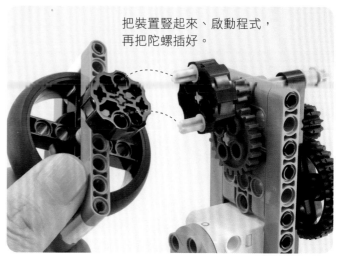

把裝置豎起來、啟動程式，
再把陀螺插好。

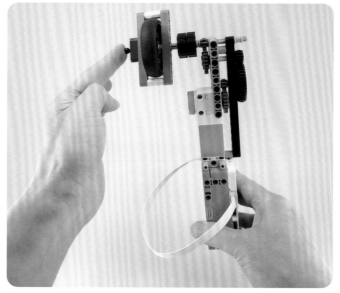

裝置傾斜 90 度
之後，陀螺會開
始旋轉。

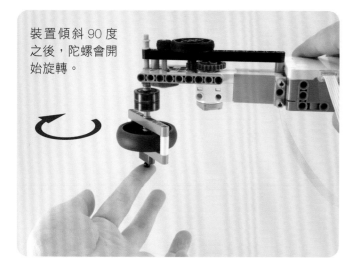

轉動穩定之後，
移開裝置。

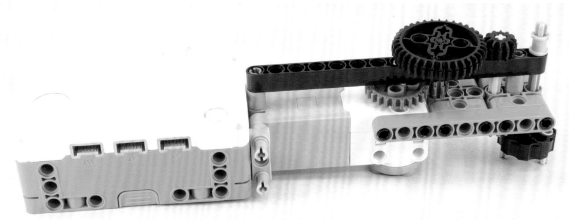

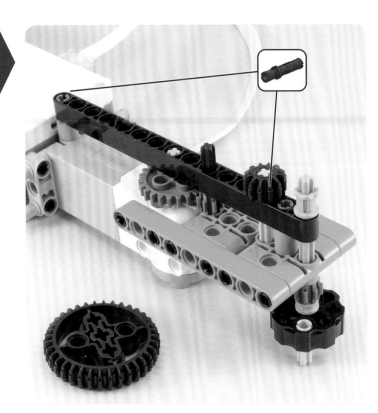

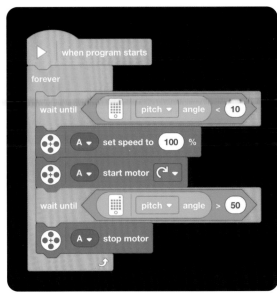

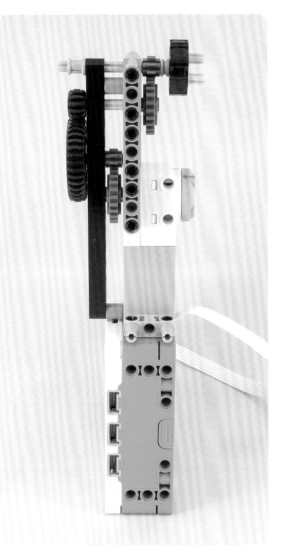

繪畫裝置

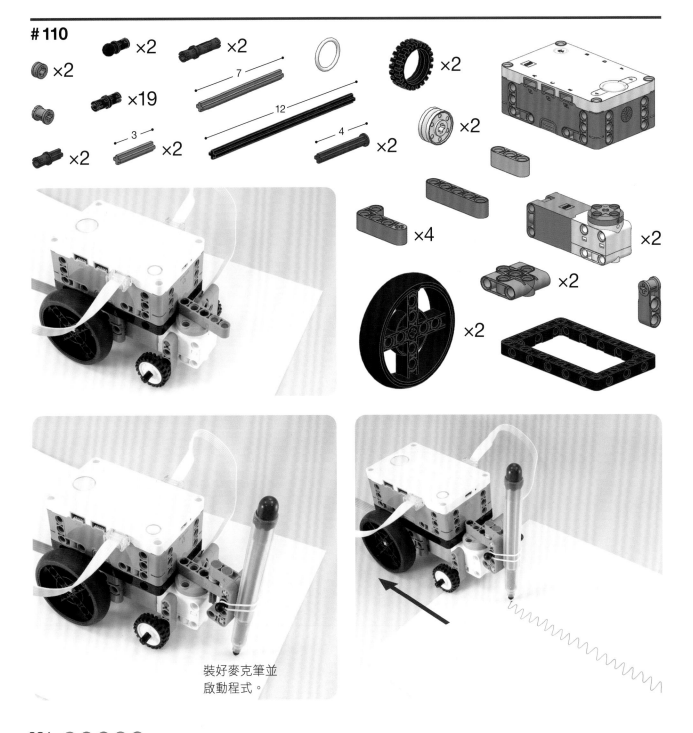

裝好麥克筆並
啟動程式。

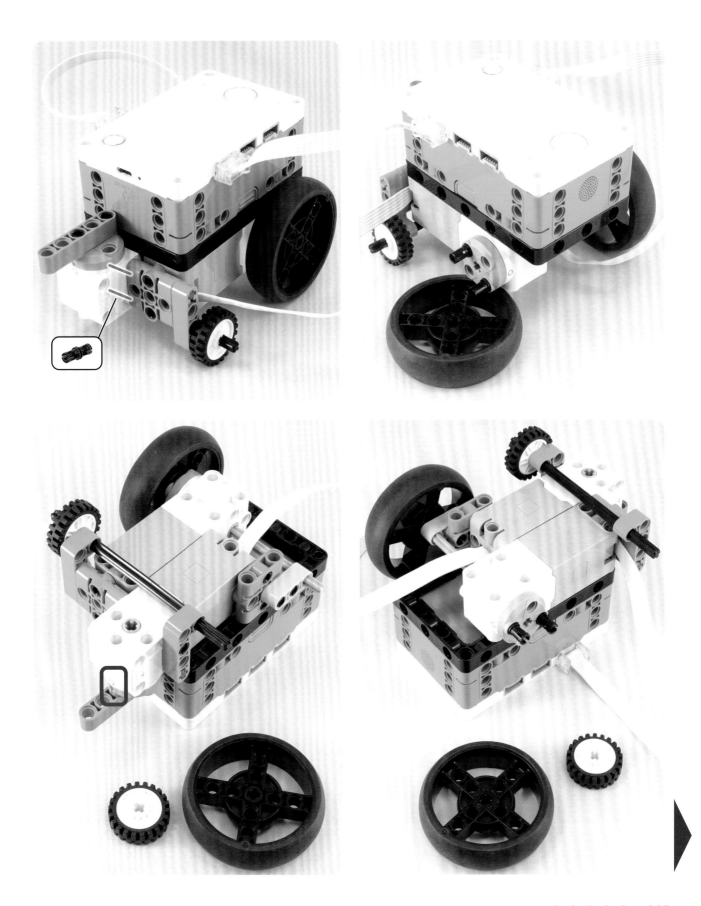

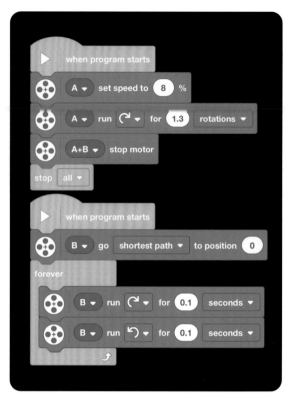

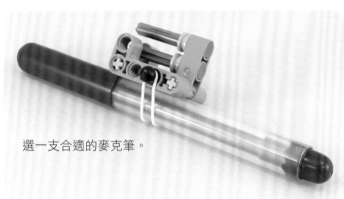

選一支合適的麥克筆。

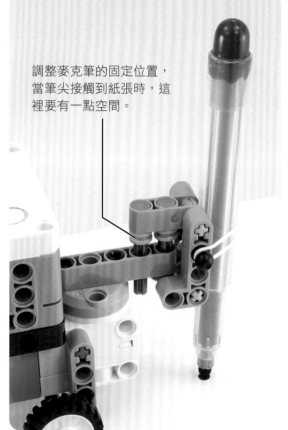

調整麥克筆的固定位置，當筆尖接觸到紙張時，這裡要有一點空間。

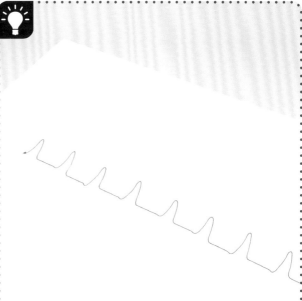

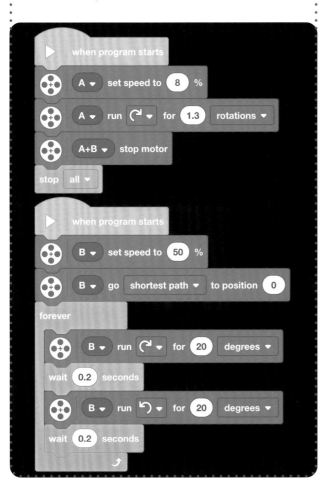

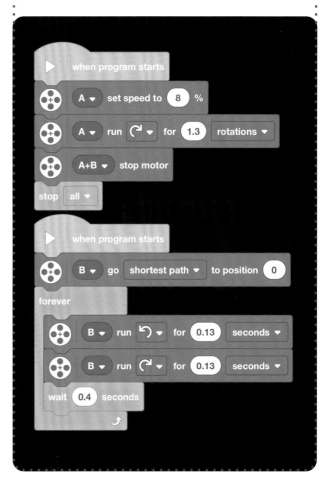

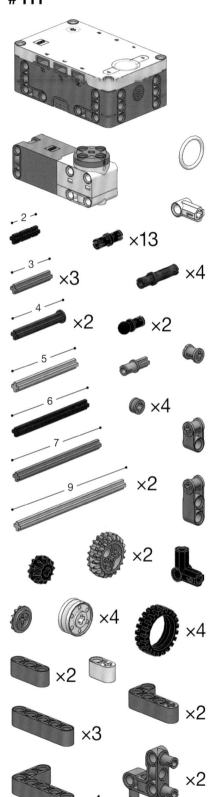

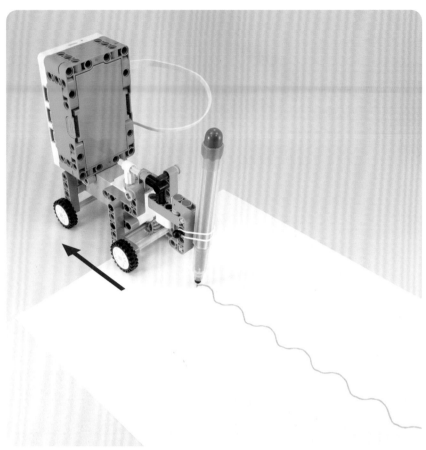

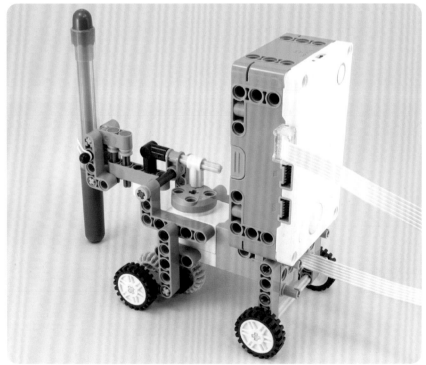

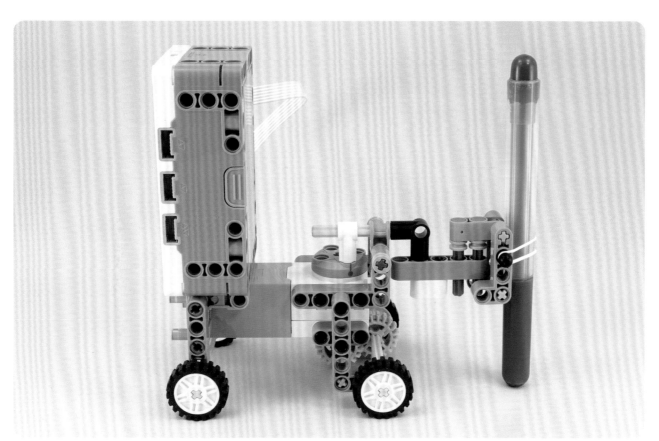

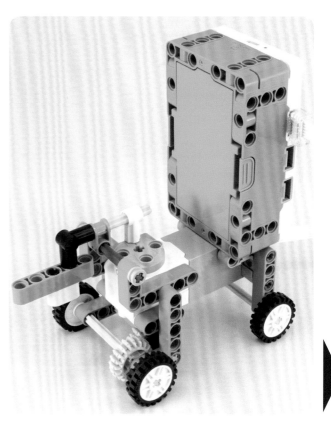

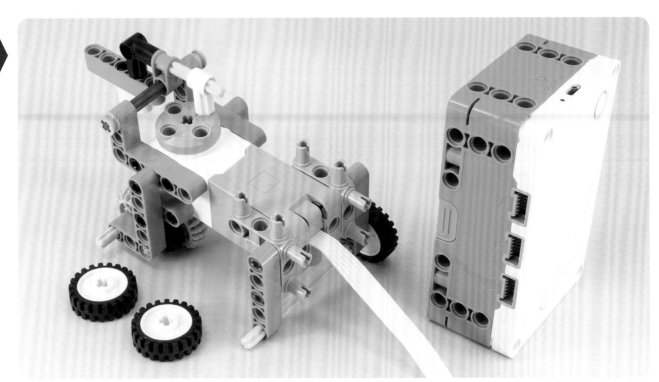

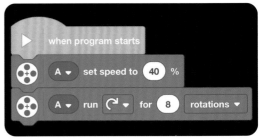

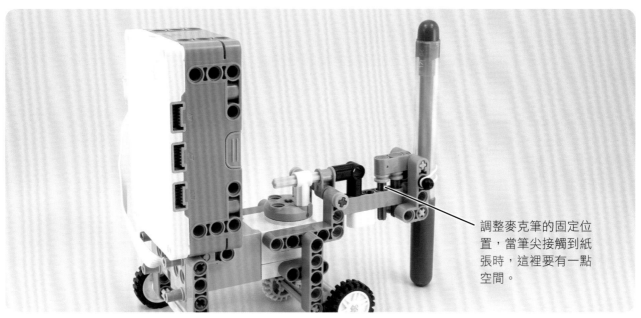

111

調整麥克筆的固定位置，當筆尖接觸到紙張時，這裡要有一點空間。

選一支合適的麥克筆。

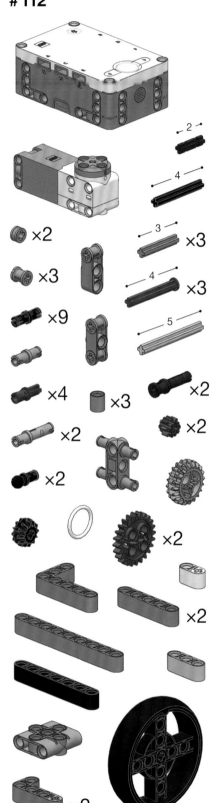

×2

×2

×3

×3

×3

×3

×9

5

×4 ×3 ×2

×2 ×2

×2 ×2

×2

×2

×2

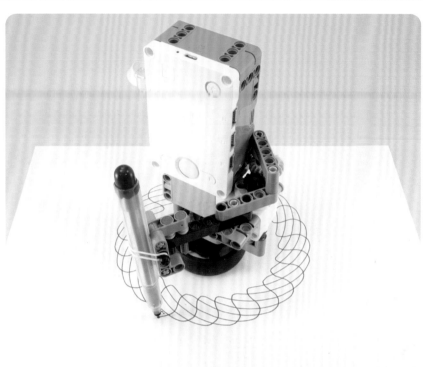

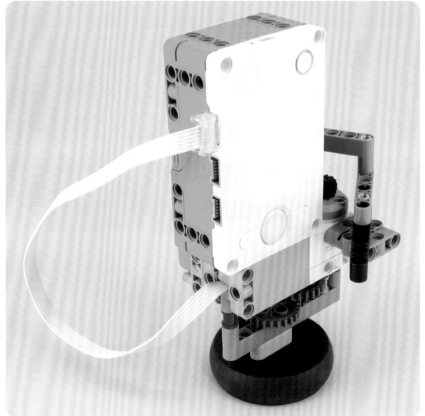

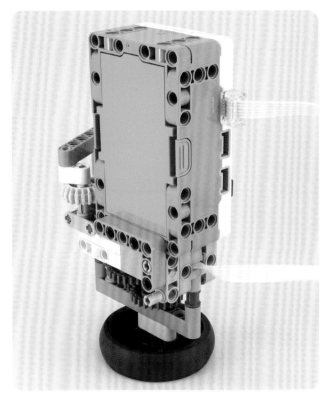

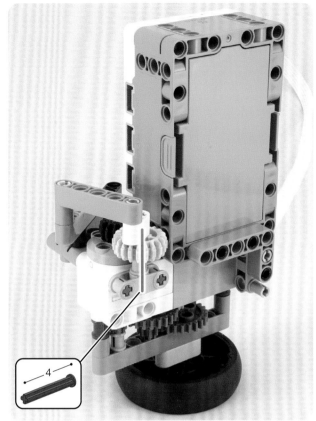

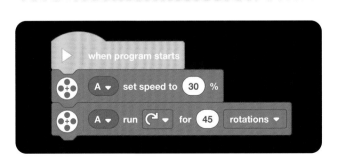

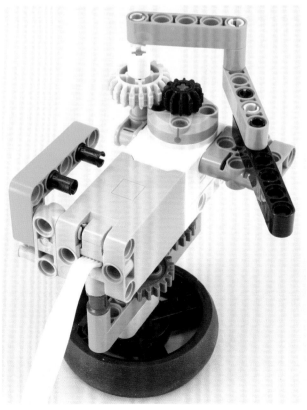

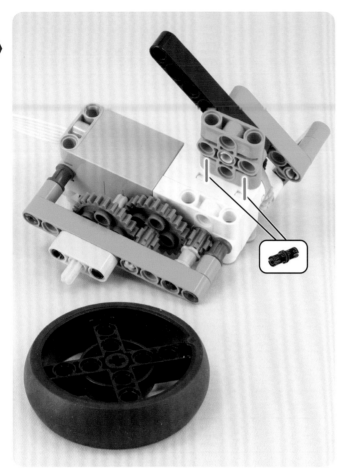

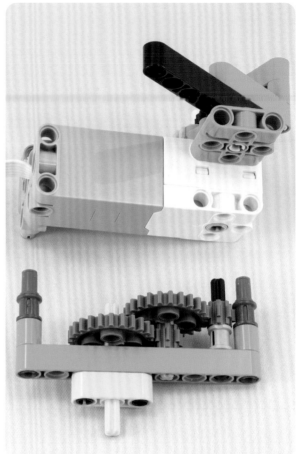

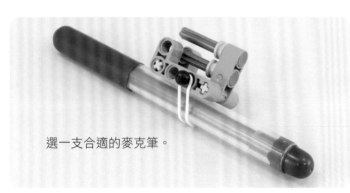

選一支合適的麥克筆。

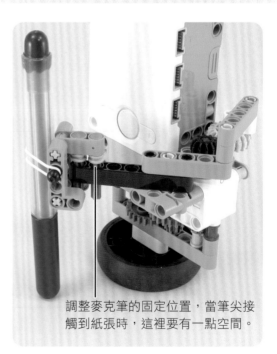

調整麥克筆的固定位置,當筆尖接觸到紙張時,這裡要有一點空間。

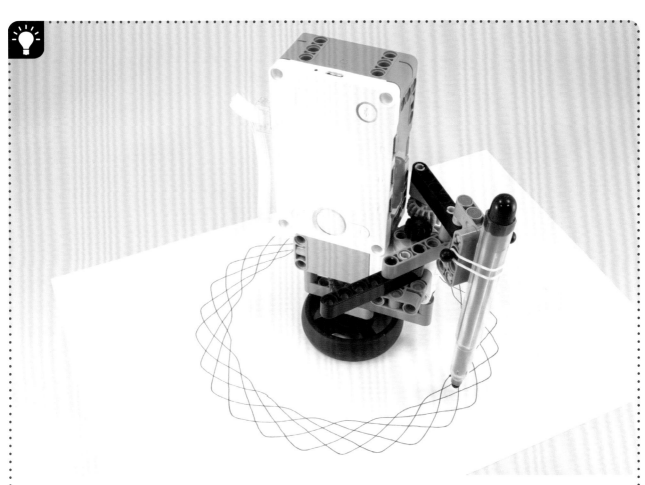

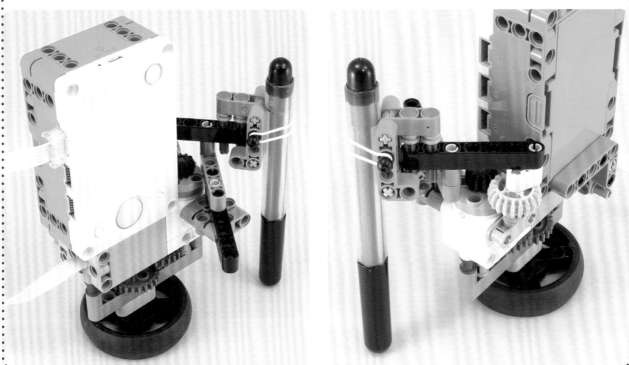

#113

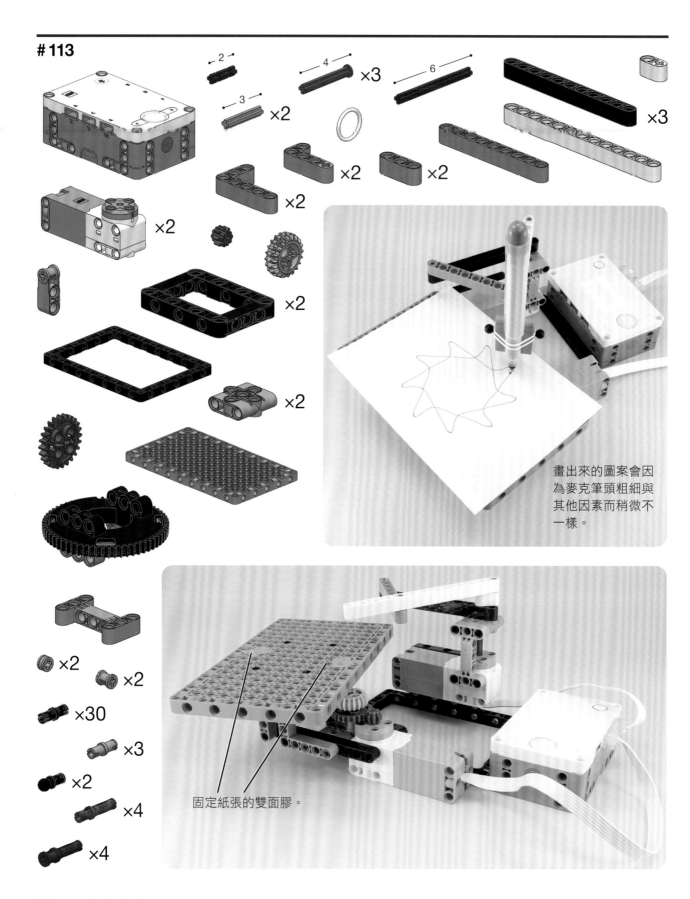

畫出來的圖案會因
為麥克筆頭粗細與
其他因素而稍微不
一樣。

固定紙張的雙面膠。

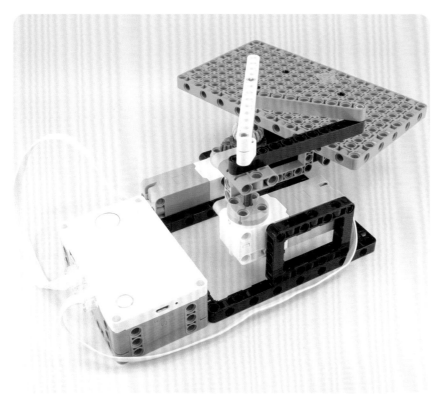

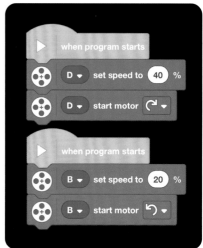

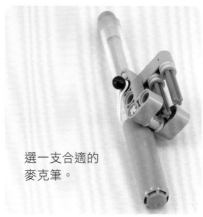

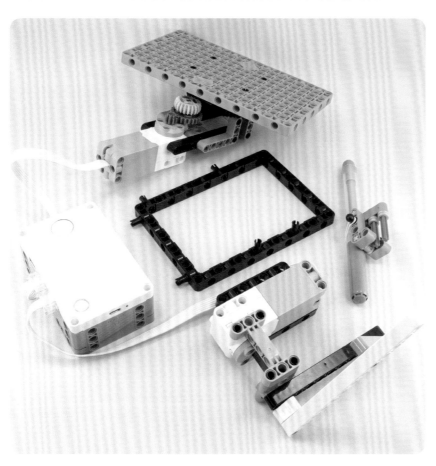

選一支合適的
麥克筆。

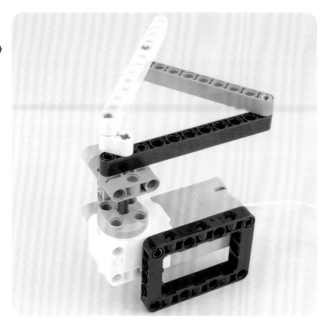

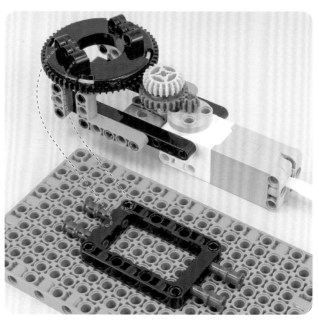

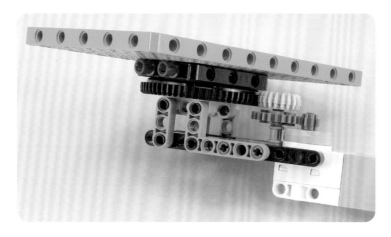

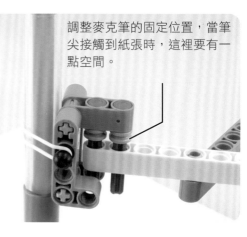

調整麥克筆的固定位置，當筆
尖接觸到紙張時，這裡要有一
點空間。

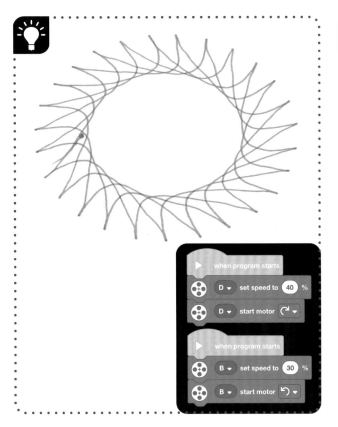

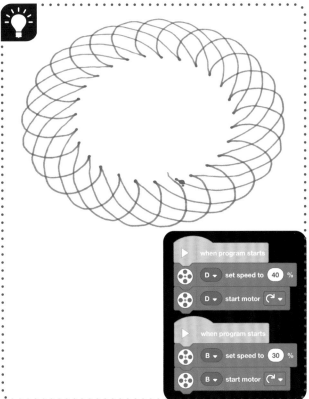

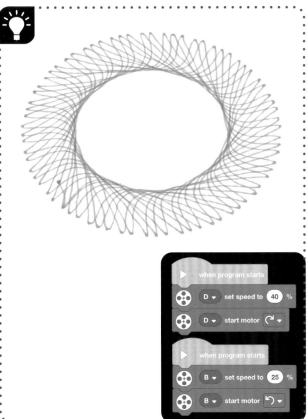

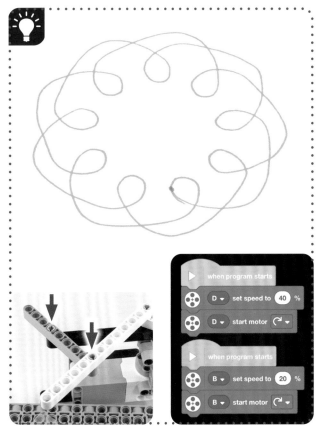

#114

 ×3

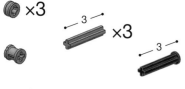 ×3

×3

 ×3

×27

 ×2

×2

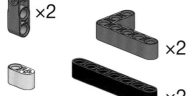 ×2

×2

 ×2

×2

 ×2

×2

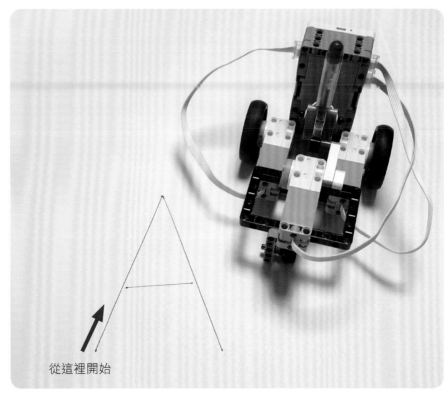

從這裡開始

選一支合適的
麥克筆。

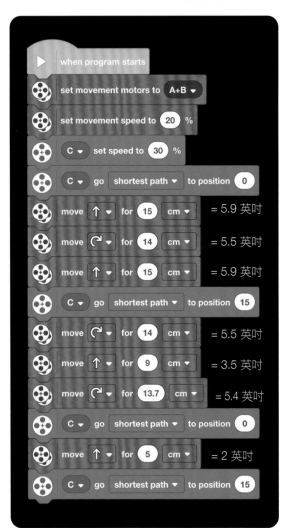

```
▶ when program starts
⚙ set movement motors to A+B ▾
⚙ set movement speed to 20 %
⚙ C ▾ set speed to 30 %
⚙ C ▾ go shortest path ▾ to position 0
⚙ move ↑ ▾ for 15 cm ▾          = 5.9 英吋
⚙ move ↻ ▾ for 14 cm ▾          = 5.5 英吋
⚙ move ↑ ▾ for 15 cm ▾          = 5.9 英吋
⚙ C ▾ go shortest path ▾ to position 15
⚙ move ↻ ▾ for 14 cm ▾          = 5.5 英吋
⚙ move ↑ ▾ for 9 cm ▾           = 3.5 英吋
⚙ move ↻ ▾ for 13.7 cm ▾        = 5.4 英吋
⚙ C ▾ go shortest path ▾ to position 0
⚙ move ↑ ▾ for 5 cm ▾           = 2 英吋
⚙ C ▾ go shortest path ▾ to position 15
```

調整麥克筆的固定位置，當筆
尖接觸到紙張時，這裡要有一
點空間。

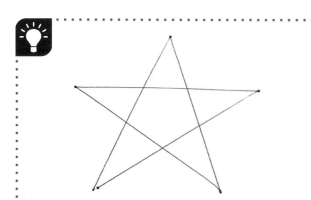

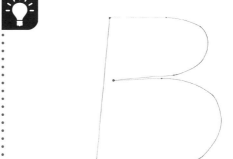

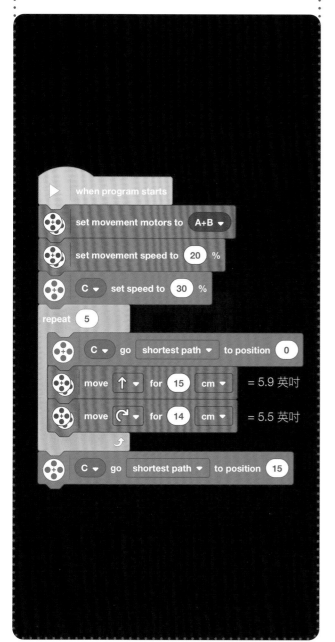

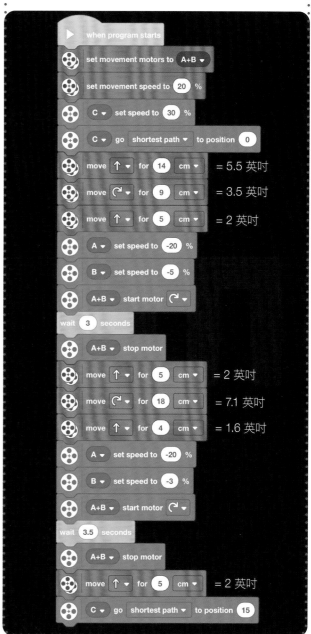

自動門

115

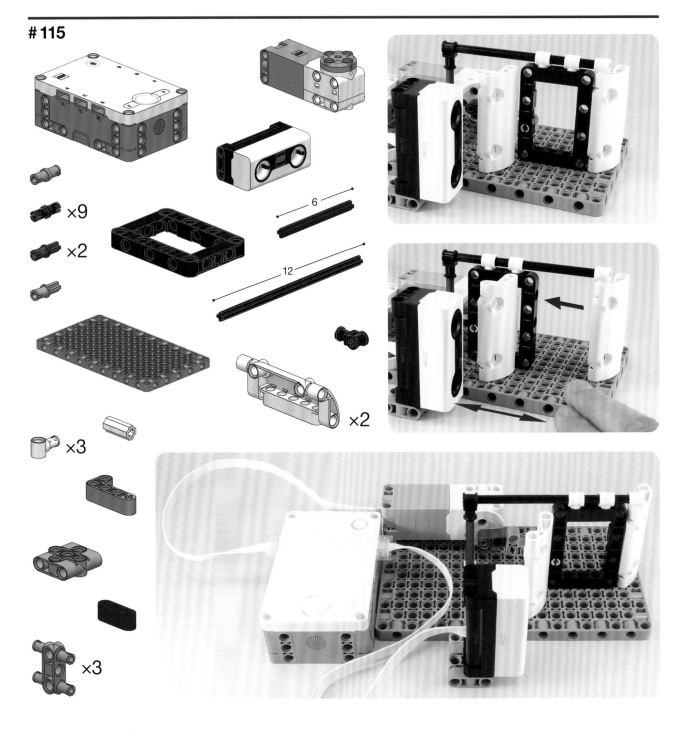

×9
×2
×3
×2
6
12
×3

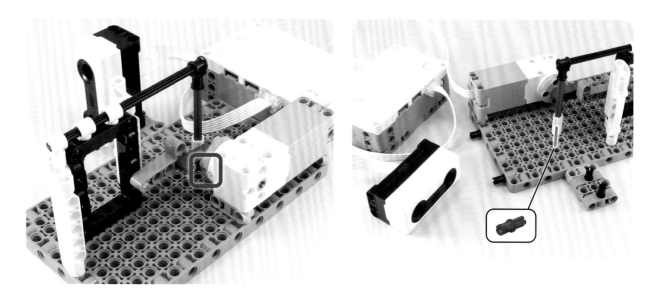

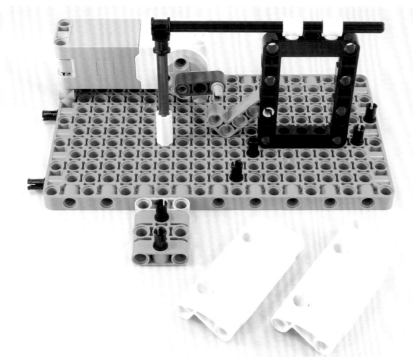

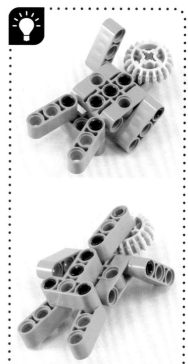

= 5.9 英吋

= 3.9 英吋

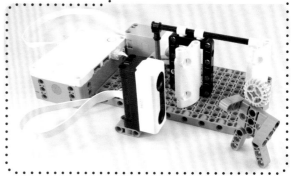

116

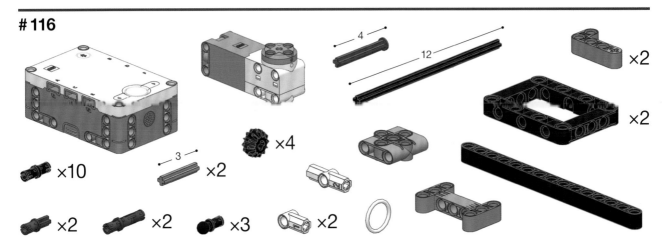

×10 ×2 ×2 ×4 ×2 ×3 ×2

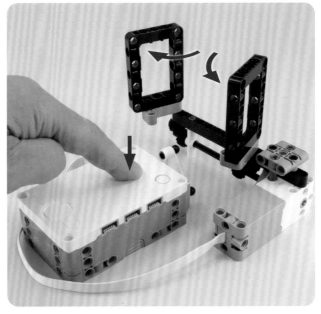

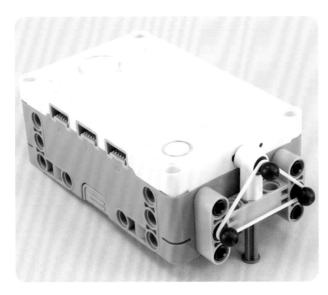

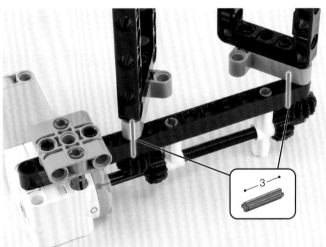

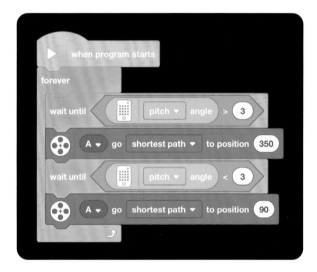

```
when program starts
forever
    wait until        pitch ▼  angle  >  3
    A ▼  go  shortest path ▼  to position  350
    wait until        pitch ▼  angle  <  3
    A ▼  go  shortest path ▼  to position  90
```

讓馬達上的兩個記號接近
這個位置，讓兩扇門盡量
靠近。

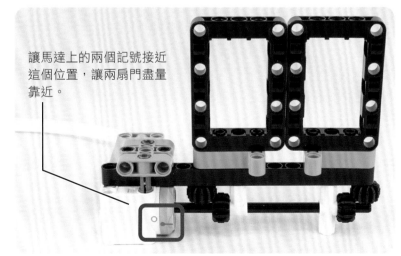

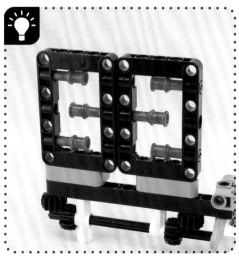

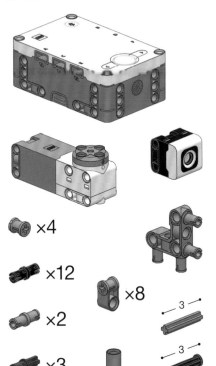

117

×4

×12

×8

×2

3

×3

3

×2

7

12

×2

×2

×2

×2

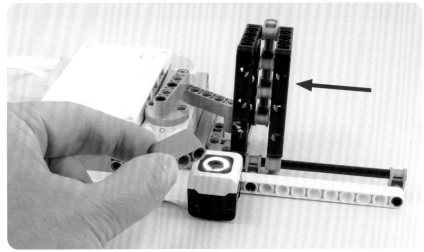

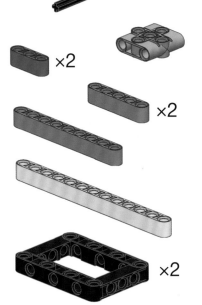

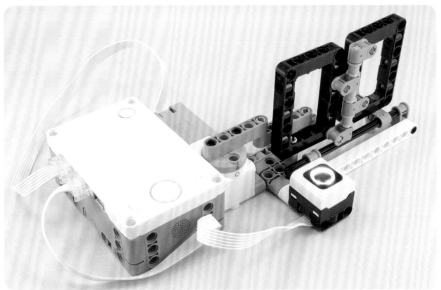

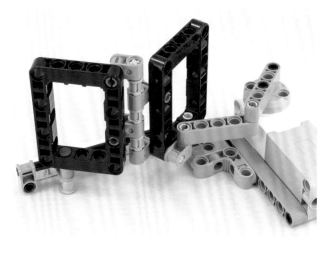

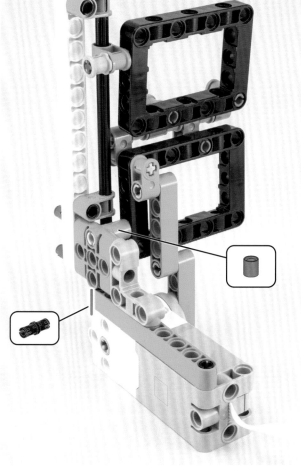

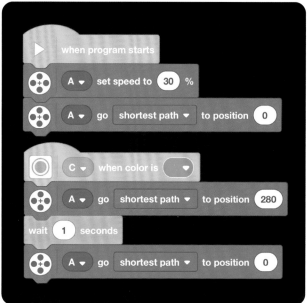

```
▶ when program starts

⊕ A ▾ set speed to 30 %

⊕ A ▾ go shortest path ▾ to position 0


◉ C ▾ when color is ▾

⊕ A ▾ go shortest path ▾ to position 280

wait 1 seconds

⊕ A ▾ go shortest path ▾ to position 0
```

●●●●● 231

製作有趣的遊戲與玩具

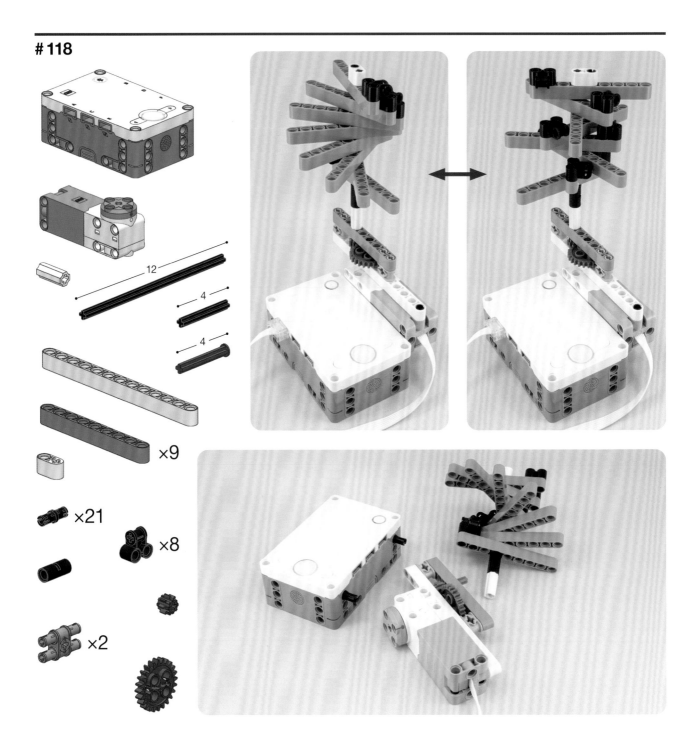

#118

×9

×21

×8

×2

12

4

4

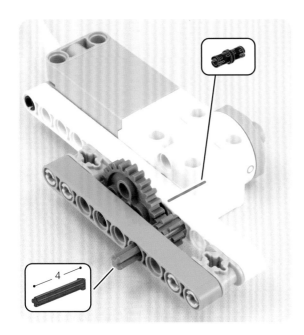

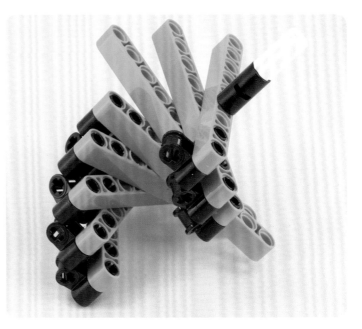

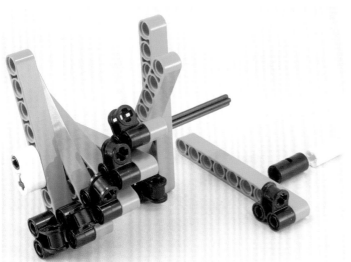

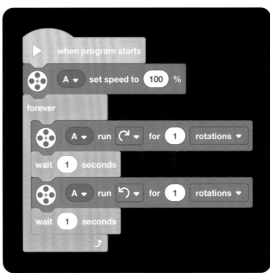

```
▶  when program starts

⊕  A ▾  set speed to  100  %

forever

    ⊕  A ▾  run  ↻ ▾  for  1  rotations ▾

    wait  1  seconds

    ⊕  A ▾  run  ↺ ▾  for  1  rotations ▾

    wait  1  seconds
                                    ↻
```

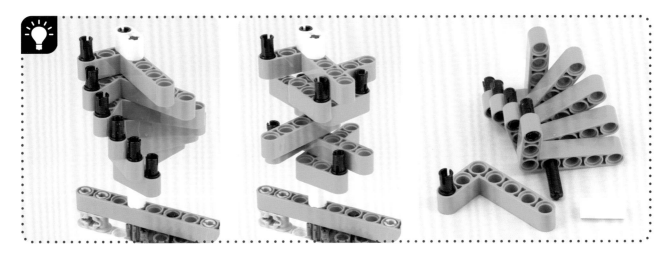

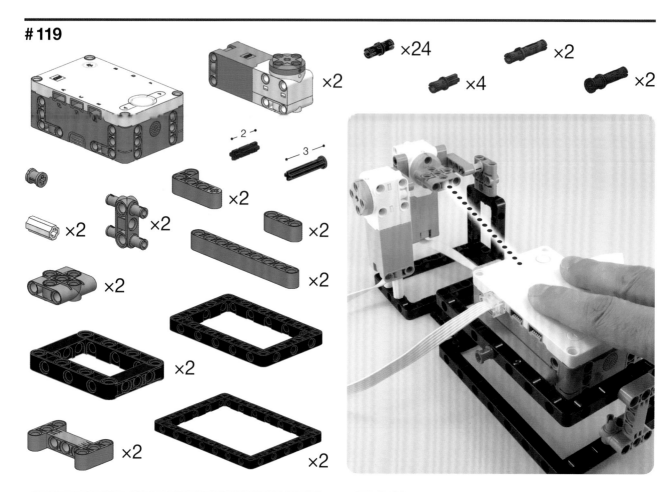

×2

×24

×2

×4

×2

×2

2

3

×2

×2

×2

×2

×2

×2

×2

×2

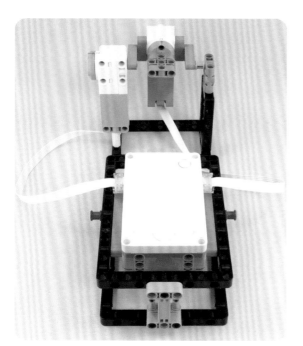

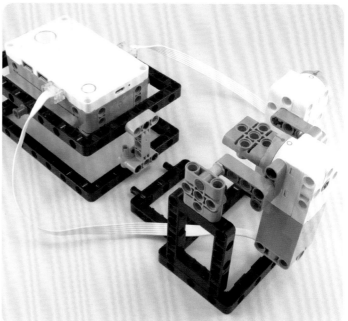

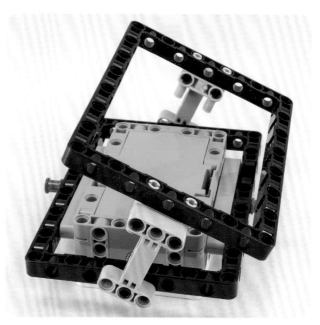

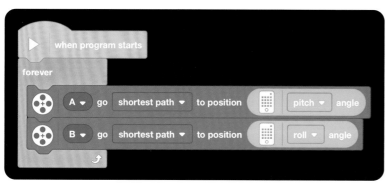

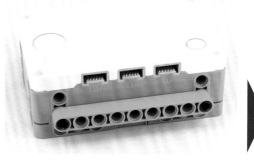

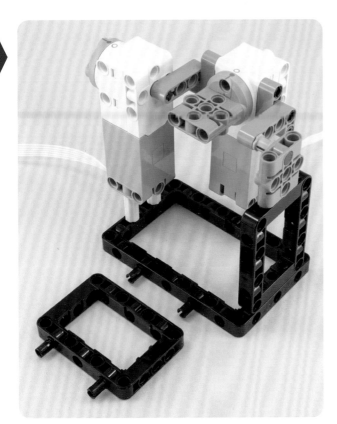

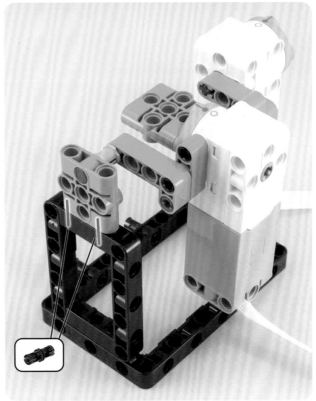

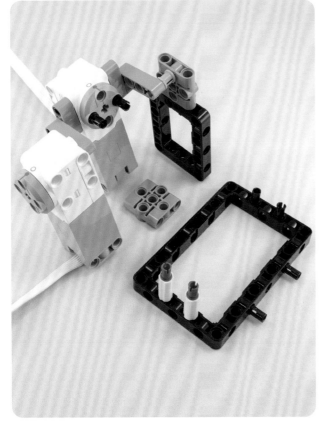

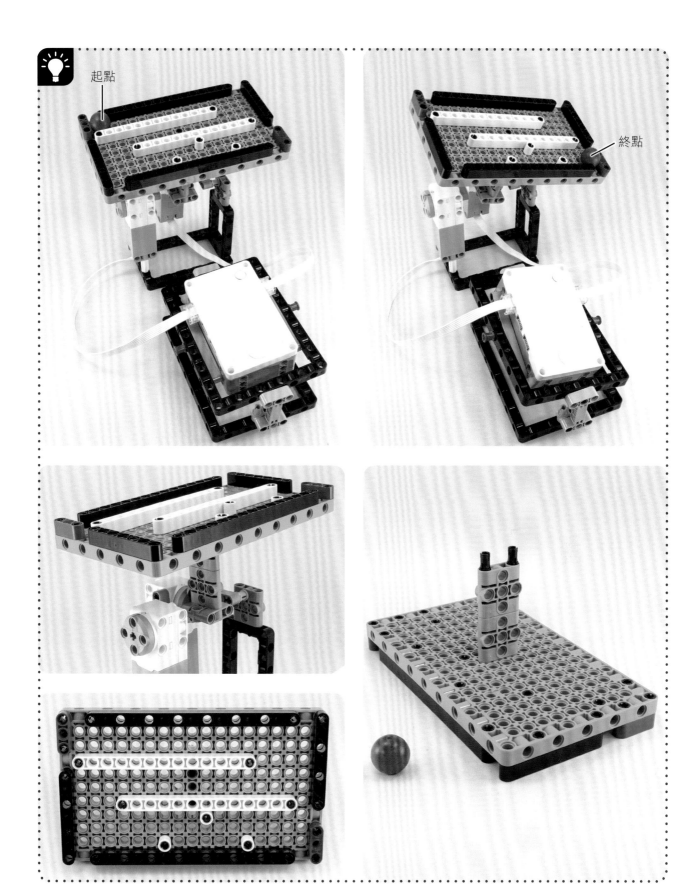

#120

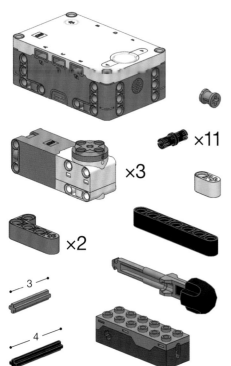

×11

×3

×2

3

4

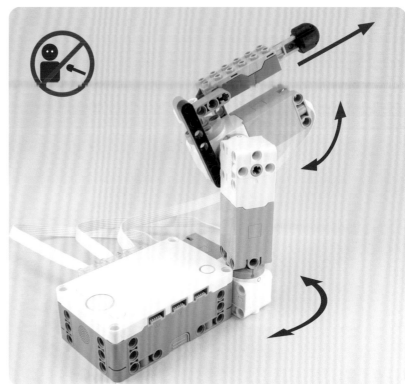

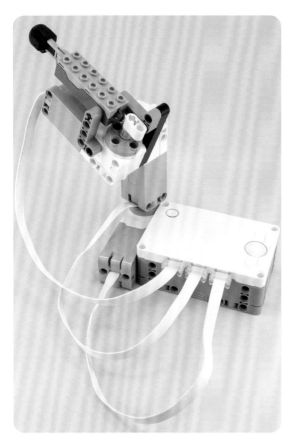

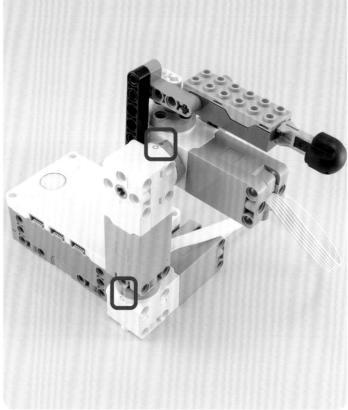

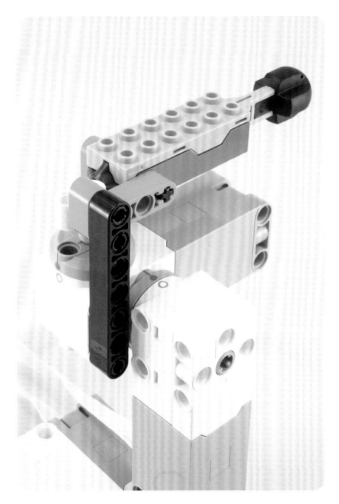

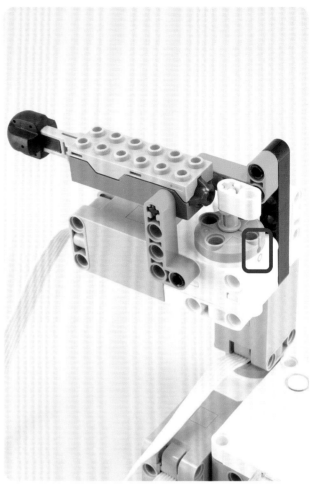

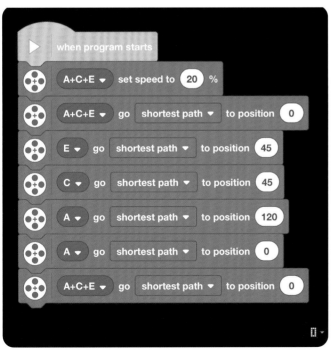

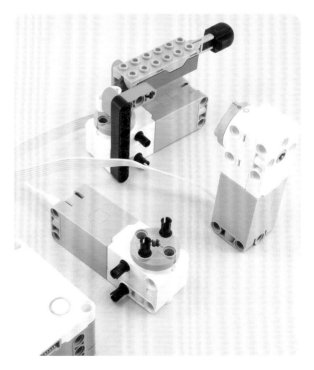

#121

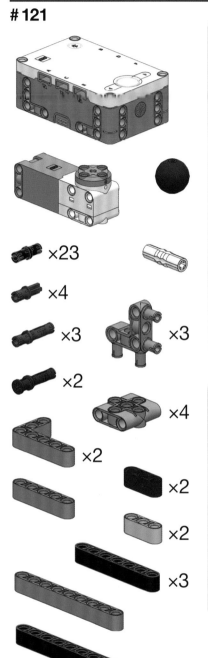

×23
×4
×3 ×3
×2
×4
×2
×2
×2
×3
×4
×2

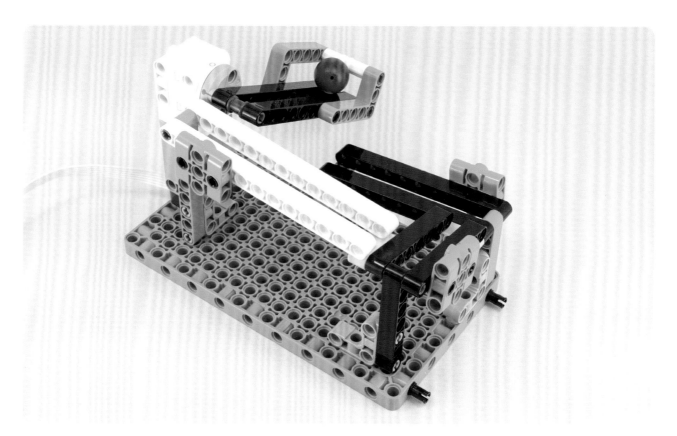

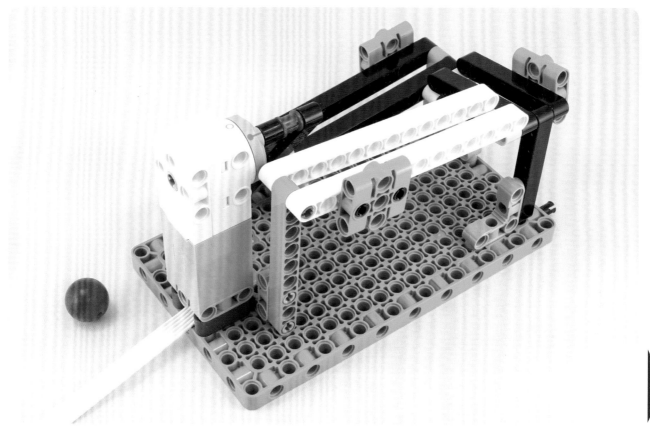

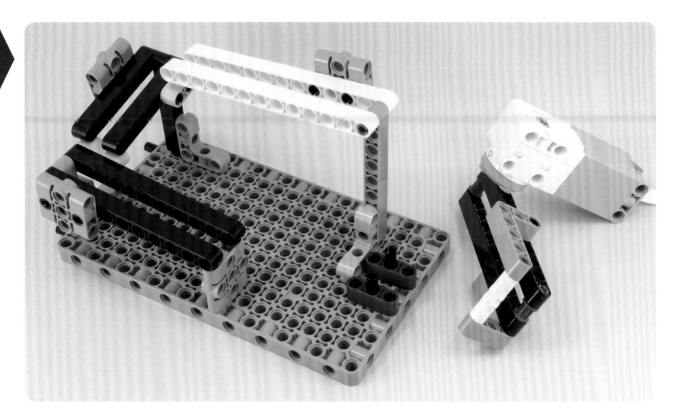

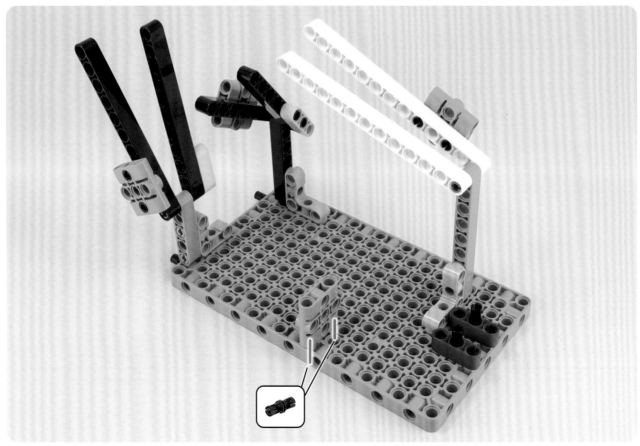

#122

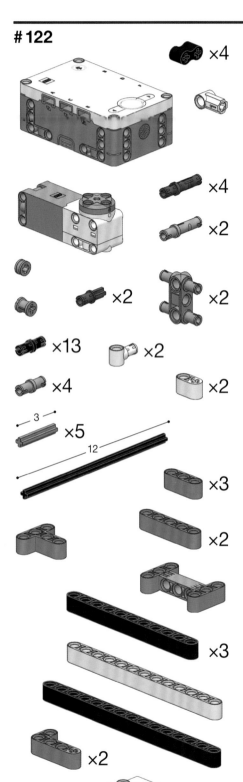

×4

×4

×2

×2

×2

×13

×2

×4

×2

3 ×5

12

×3

×2

×3

×2

×2

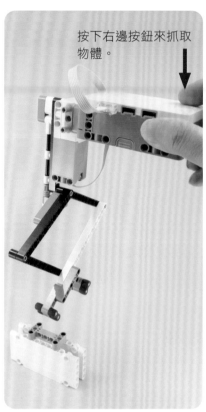

按下右邊按鈕來抓取物體。

整個拿起來。

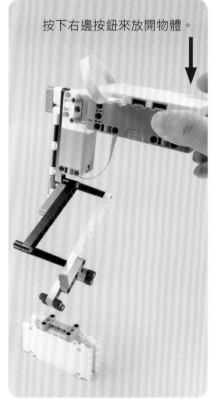

按下右邊按鈕來放開物體。

這個機構很特別，要被抬起的物體重量會轉變成抓握的力量。因此可以抬起很重的東西。

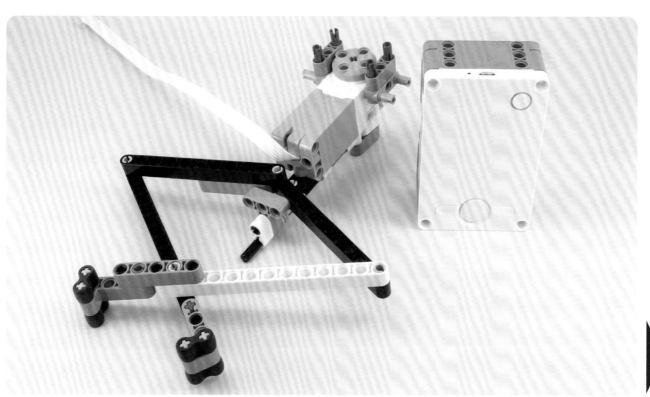

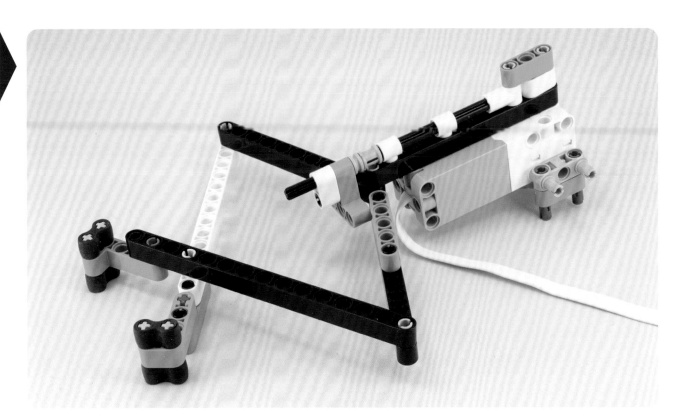

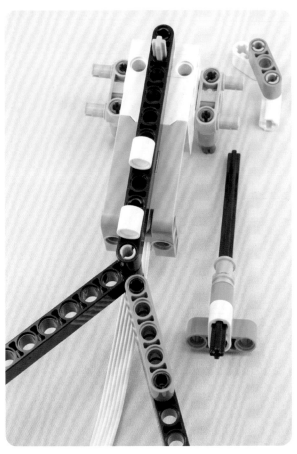

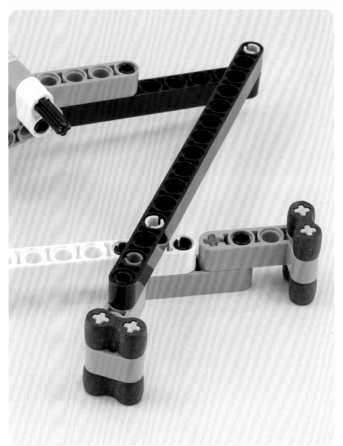

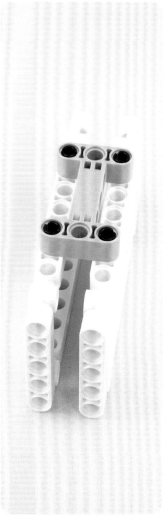

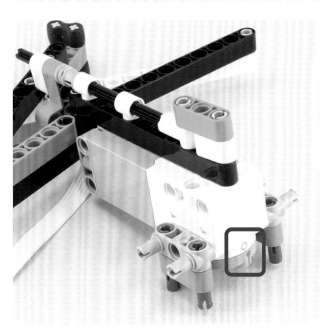

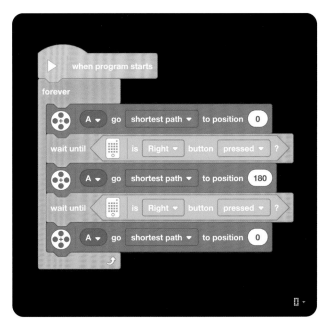

更多機構！

#123

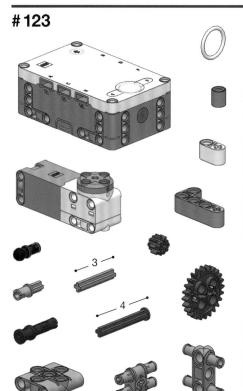

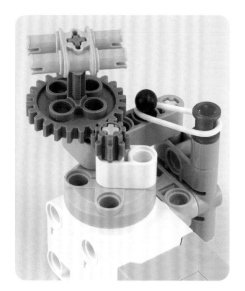

```
▶ when program starts
⚙ A ▾  set speed to  30  %
⚙ A ▾  start motor  ↻ ▾
```

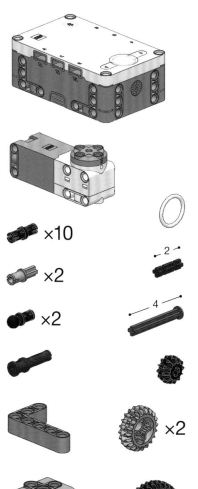

124

×10

×2

2

×2

4

×2

×2

×2

```
▶ when program starts
⚙ A ▾  set speed to  30  %
⚙ A ▾  start motor ↻ ▾
```

可以快速或慢速轉動。

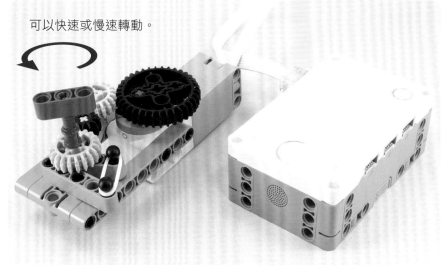

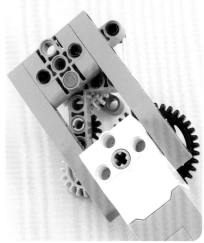

#125

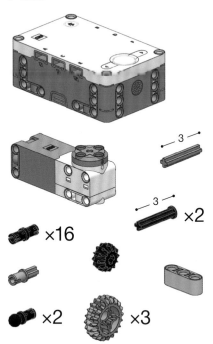

×16
— 3 —
— 3 — ×2
×2 ×3
×2 ×4

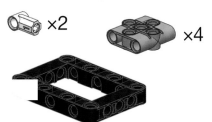

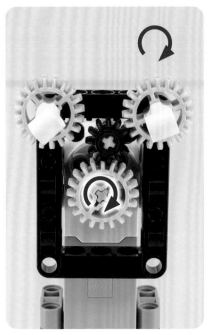

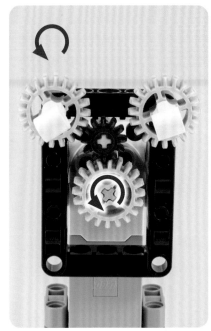

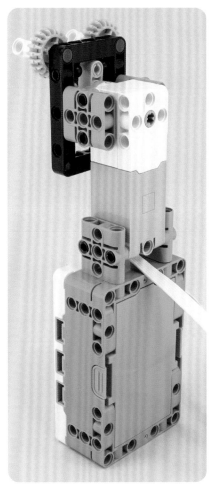

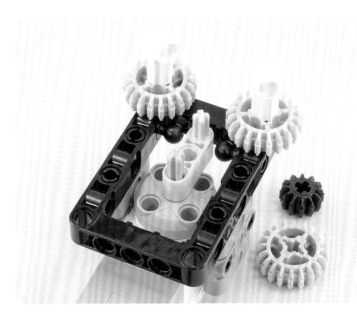

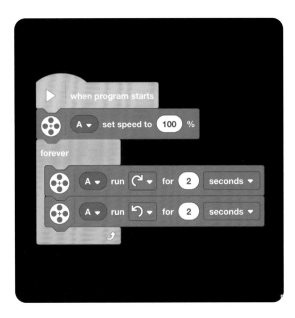

```
  ▶  when program starts
  ⊛  A ▾  set speed to  100  %

  forever

  ⊛  A ▾  run  ↻ ▾  for  2  seconds ▾

  ⊛  A ▾  run  ↺ ▾  for  2  seconds ▾
                                    ↻
```

當馬達轉動方向改
變時,這根軸的轉
速也會改變。

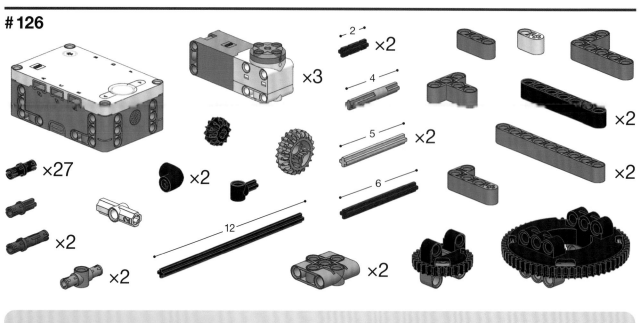

126

如同時鐘上的指針，這三根指針也會
繞著一根軸旋轉。這個模型用到了三
個馬達，各自帶動一根指針。

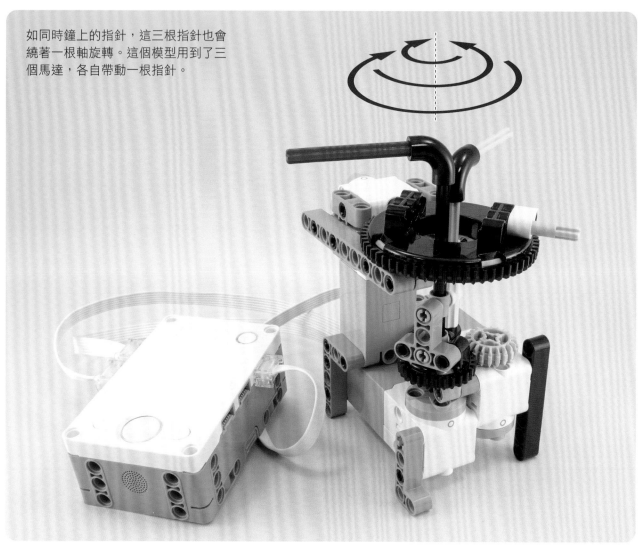

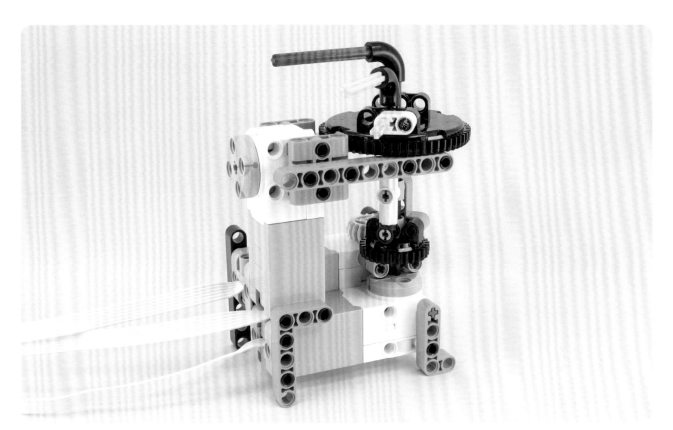

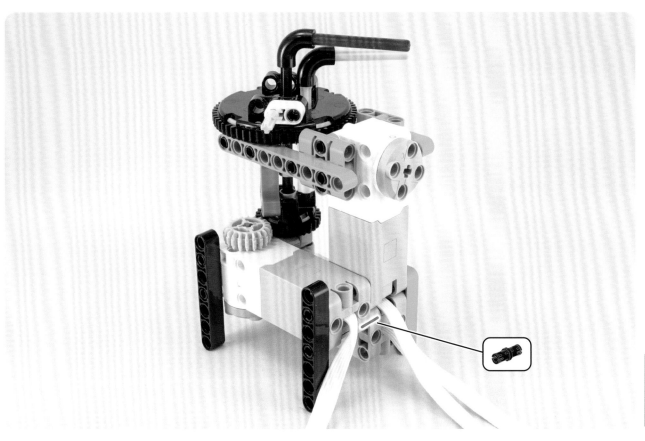

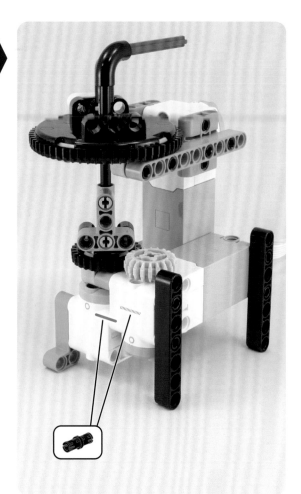

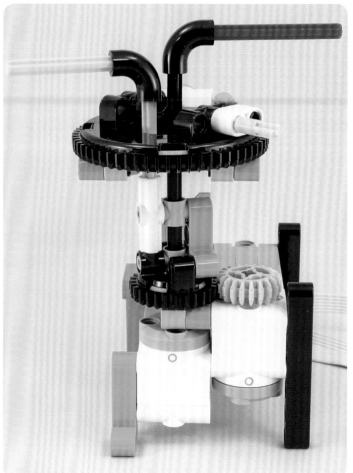

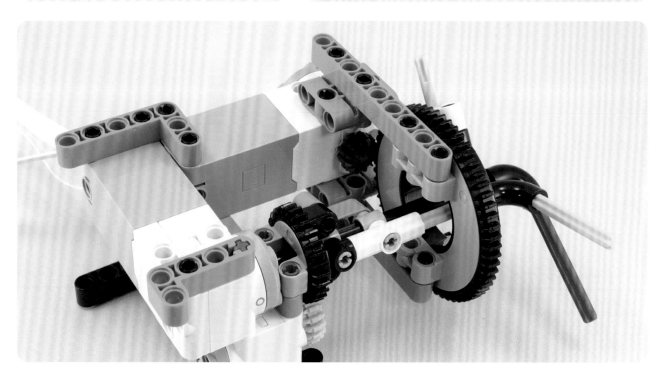

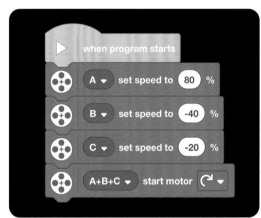

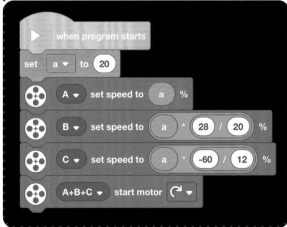

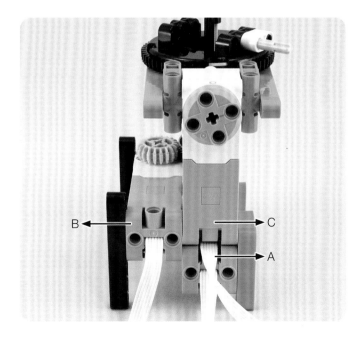

B ←———   ———→ C

———→ A

三根指針轉動的速度相當接近。建立變數的詳細作法請參考第 57 頁。

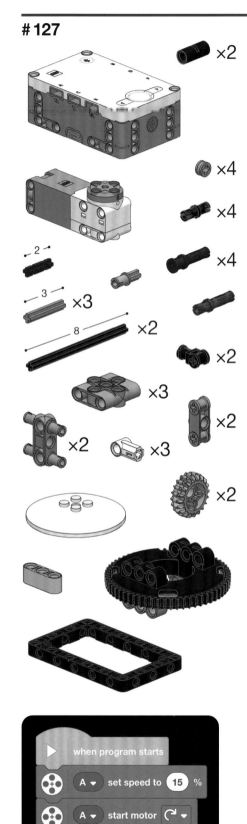

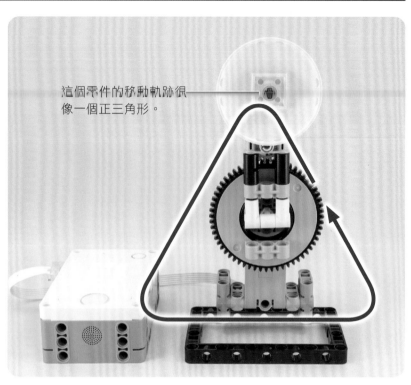

127

這個零件的移動軌跡很像一個正三角形。

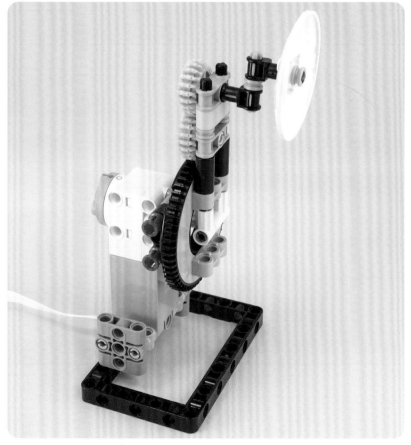

對齊馬達上的兩個記號之後，再調整右邊這兩個零件使其朝上。

#128

 ×2

 3

 ×16

4

×2

5 ×2

×3

8

12

 ×2

 ×3

 ×3

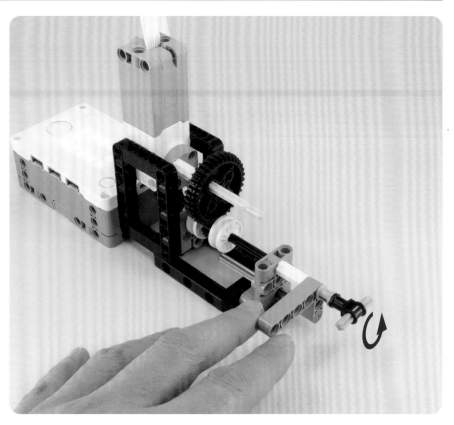

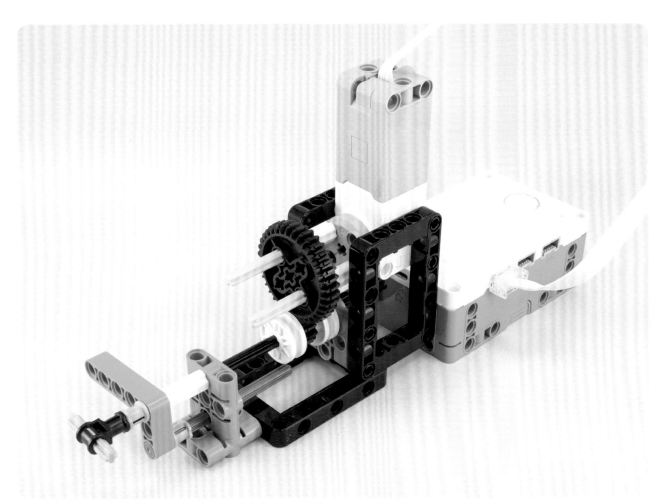

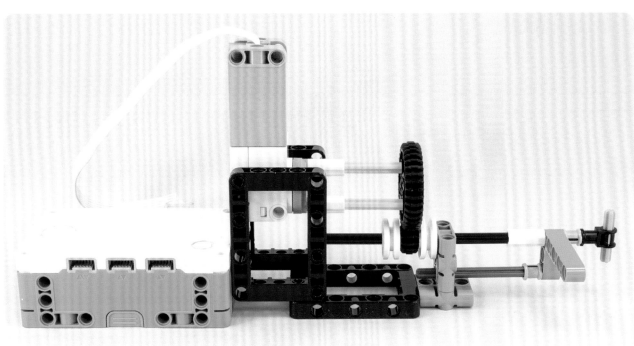

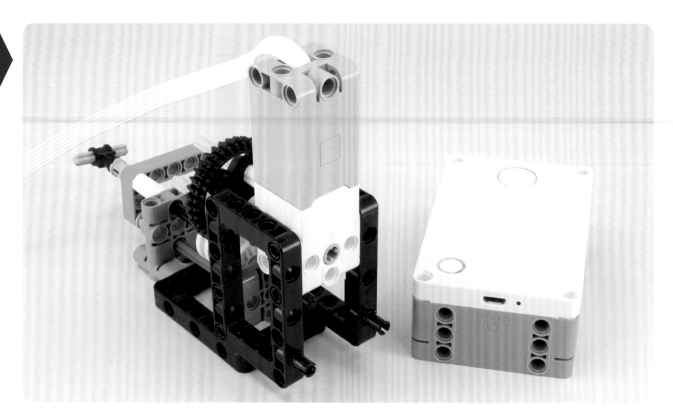

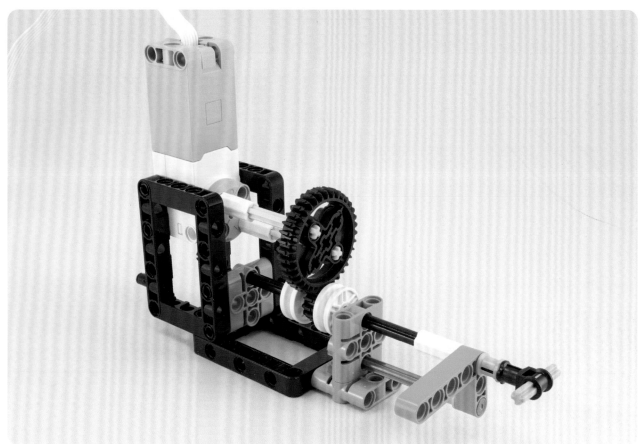

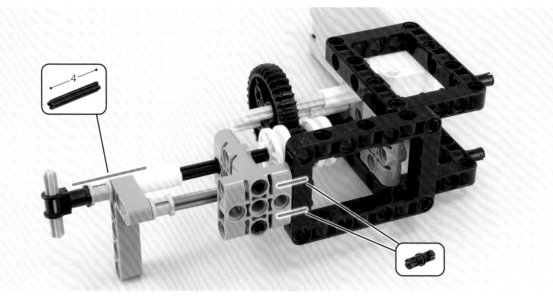

注意要插入圓孔，不是十字孔。

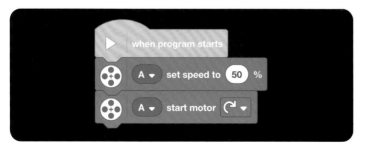

樂高機器人創意寶典｜128 種絕妙新組合

作　　者：五十川芳仁（Yoshihito Isogawa）
譯　　者：CAVEDU 教育團隊 曾吉弘
企劃編輯：莊吳行世
文字編輯：江雅鈴
設計裝幀：張寶莉
發 行 人：廖文良

發 行 所：碁峰資訊股份有限公司
地　　址：台北市南港區三重路 66 號 7 樓之 6
電　　話：(02)2788-2408
傳　　真：(02)8192-4433
網　　站：www.gotop.com.tw
書　　號：ACH024000
版　　次：2022 年 01 月初版
建議售價：NT$720

國家圖書館出版品預行編目資料

樂高機器人創意寶典：128 種絕妙新組合 / 五十川芳仁原著；曾吉
　弘譯. -- 初版. -- 臺北市：碁峰資訊, 2022.01
　　面；　　公分
　　譯自：The LEGO mindstorms robot inventor idea book.
　　ISBN 978-626-324-059-9(平裝)
　　1.玩具　2.機器人
448.992　　　　　　　　　　　　　　　　　　　110021161

讀者服務

● 感謝您購買碁峰圖書，如果您對
本書的內容或表達上有不清楚的
地方或其他建議，請至碁峰網站：
「聯絡我們」\「圖書問題」留下
您所購買之書籍及問題。(請註明
購買書籍之書號及書名，以及問
題頁數，以便能儘快為您處理)
http://www.gotop.com.tw

● 售後服務僅限書籍本身內容，若
是軟、硬體問題，請您直接與軟體
廠商聯絡。

● 若於購買書籍後發現有破損、缺
頁、裝訂錯誤之問題，請直接將書
寄回更換，並註明您的姓名、連絡
電話及地址，將有專人與您連絡
補寄商品。